WILDE WIESEN GESTALTEN

Naturalistische Staudenbeete für den Garten

ulmer

Katrin Lugerbauer | Joachim Hegmann

WILDE WIESEN GESTALTEN

Naturalistische Staudenbeete für den Garten

INHALT

Ihnen gefällt eines der Gestaltungsbeispiele besonders gut? Dann finden Sie hier bzw. über den QR-Code alle in den einzelnen Gestaltungsbeispielen verwendeten Pflanzen im Detail: www.ulmer.de/wilde-wiesen
Nutzen Sie die Listen, um die Gestaltungsbeispiele für Ihren Garten zu adaptieren oder nach Ihren Wünschen zu modifizieren.

Nachtviole und Wiesen-Kerbel ergänzen sich perfekt und ergeben mit Lichtnelken, ersten Kugellauch-Blüten und Akelei einen duftenden Frühlingssaum für den Halbschatten vor einer Hecke. Wer möchte, streut noch späte Tulpen ein: Fertig ist das Wiesenflair!

VORWORT

Grillenzirpen, wogende Gräser und zahlreiche kleine Blüten, zwischen denen Insekten herumschwirren. Bei jedem Schritt, den wir setzen, hüpfen raschelnd Heuschrecken davon und der Duft von wildem Thymian, Dost und warmem Gras steigt auf. Sie mögen Wiesen auch? Damit sind Sie nicht allein! Bunte Blüten, die Vielfalt an Kleintieren und ein Meer aus verschiedenen Pflanzen üben zuverlässig Faszination auf uns aus. Sei es die Magerwiese im Hochgebirge, die taunasse Hochstaudenflur entlang eines Baches, der unscheinbare, aber so herrlich duftende Weidebewuchs im mediterranen Gebirge: Wir haben eine Schwäche für die offene Freifläche und ihre Besiedler. Auch in der Kunst hat die Blumenwiese einen fixen Platz – zahllose Gemälde widmen sich ihrer Schönheit und den damit verbundenen Emotionen.

Leider sind artenreiche Wiesen in unserer Umwelt immer seltener zu finden und mit intensiver Landwirtschaft nicht vereinbar. Umso deutlicher steigt in den Gärten die Begeisterung für Natur und mit ihr der Wunsch, naturnaher und dynamischer zu gestalten. Staudenwiesen sind eine gute Möglichkeit, Gestaltung und natürliches Wachstum zu verbinden: Die Planung umfasst sowohl einen an die Standorte angepassten Staudenbesatz, der direkt gepflanzt wird, als auch die eigenständige Entwicklung in Form von Aussaat und dynamischer Ausbreitung. Die Auswahl der Pflanzen ist dabei nicht an räumliche Grenzen gebunden, sondern integriert Stauden aus unterschiedlichsten Herkunftsregionen, aber mit ähnlichen Standortanforderungen. Das Ergebnis sind farbenfrohe, robuste Pflanzungen, die sich selbstständig entwickeln und neben immer wieder überraschenden Kombinationen auch einen ökologischen Mehrwert bieten. Damit vereinen sie Anforderungen an moderne Gärten genauso wie romantische Wünsche an idyllische Landschaften – und sind nicht zuletzt etwas fürs Auge und Herz.

Joachim Hegmann:

„Wiesen haben auf mich schon als Kind eine ganz magische Faszination ausgeübt. Vielleicht lag es daran, dass ich in Kindertagen in einem trostlosen Hinterhof spielen musste. Wiesen verbinde ich mit Freiheit, Weite, Üppigkeit, Urlaub, selbstgepflückten Blumensträußen oder wilder Natur.
Diese Begeisterung hat mich nie losgelassen. In meinen Gärten sollten Wiesen und all das, was ich mit ihnen verbinde, lebendig werden. Bei jeder neuen (Stauden-)Wiese tobt in mir der Kampf zwischen wildem Chaos und wohlgestalteter Ordnung. Und genau das macht das Gärtnern für mich immer wieder spannend."

Katrin Lugerbauer:

„Mich kann kaum eine Situation im Garten mehr erfreuen als eine sonnendurchflutete, insektendurchschwirrte Staudenwiese. Vermutlich liegt das an der Verbindung von Natürlichkeit und ganz offensichtlicher Nützlichkeit für die Insekten und andere Tiere – und natürlich an der Parallele zu heißen, einsamen Standorten in den Alpen oder im Mittelmeerraum, wo ich einfach sehr gern unterwegs bin. Bei der Gestaltung von Beeten treibt mich daher stets die Frage an, wie ich diese Eindrücke in Form von wüchsigen, robusten Staudenkombinationen in den Garten holen kann – und damit auch ein Stück duftende, weite Wiese."

Die Wiederholung von Formen und Farben ist ein wesentlicher Aspekt natürlicher Wiesen. Diese findet sich im südlichen Teil der Abruzzen und lebt von den aufrechten Blüten von Gelbem Enzian, Königskerzen, Deutschem Ziest und verschiedenen Gräsern.

EINLEITUNG

Vielfalt, Blütenreichtum, das ganze Jahr etwas zu entdecken – all das bieten Staudenwiesen. Diese farbenfrohen, abwechslungsreichen Pflanzungen kombinieren winterharte, robuste Pflanzen so miteinander, dass sie gemäß ihrer Standortansprüche verwendet werden und sich daher verlässlich entwickeln. Dabei geht es nicht darum, die Natur zu imitieren – vielmehr wird versucht, mittels vertrauter Motive Eindrücke zu erschaffen, die an Situationen in der Natur erinnern.

Wiesen spielen in der Wahrnehmung der Menschen eine wichtige Rolle. Sie stehen für Üppigkeit, duftende Blüten, naturbelassene Landschaft und botanische Vielfalt. Auch in der naturalistischen Gartengestaltung haben sie aus diesem Grund einen wesentlichen Stellenwert inne. Im Gegensatz zum klassischen Beet, wo Stauden auf Basis ihrer sichtbaren Eigenschaften angeordnet werden, verzichtet man in der Staudenwiese auf eine klassische Höhenstaffelung sowie durchgehend vorgegebene Pflanzpartner und verabschiedet sich auch vom Wunsch nach Statik und Jahr für Jahr gleichen Kombinationen. Eine funktionierende Staudenwiese setzt eine durchdachte Pflanzenauswahl voraus, die nicht nur die vordergründigen Eigenschaften einer Pflanze berücksichtigt, sondern auch ihr Wuchsverhalten, ihre Stresstoleranz und ihr Erscheinungsbild vor und nach der Blüte immer im Blick hat.

Besonders hervorzuheben ist der hohe Anteil an kleinblütigen, naturhaft wirkenden Pflanzen und Gräsern, die ohne erkennbare Regelmäßigkeit ineinander verwoben wachsen und somit übers Jahr hinweg vielfältige Berührungspunkte und Kombinationen ergeben. Im Vordergrund stehen dabei weniger die einzelnen Pflanzen an sich als vielmehr der Eindruck, den sie gemeinsam vermitteln. Staudenwiesen sind darüber hinaus keine konstanten, über Jahre hinweg gleichen Beete, sondern dynamische Flächen, in denen sich langlebige Pflanzen und kurzlebige Stauden oder sogar Einjährige optisch ansprechend und strukturell sinnvoll ergänzen. Es ist also weniger der Erhalt einzelner Pflanzen wichtig, sondern vielmehr die gesamte Pflanzengesellschaft, die mitsamt ihrer Dynamik über Jahre hinweg ganzjährig attraktive Eindrücke bietet.

Im Idealfall tritt die gestaltende Hand bei einer solchen Fläche in den Hintergrund und überlässt den Pflanzen die Bühne. Das bedeutet auch, dass kein ständiges Umgestalten und Ausbessern notwendig ist, da eine ausgeglichene Pflanzengesellschaft gelegentliche Ausfälle oder witterungsbedingte Störungen verkraften kann. Da vorwiegend Wildpflanzen Verwendung finden, bieten Staudenwiesen zudem ein wertvolles Nahrungsangebot für die unterschiedlichsten Insekten und andere Tiere – und sie schenken uns die erbauliche Vision eines Lebensraumes, der in der Natur immer weiter verdrängt wird.

Staudenwiesen sind eine Antwort auf vielfältige Anforderungen, die an aktuelle Gärten gestellt werden: Sie verbinden ökologischen Anspruch mit ästhetischem Erscheinen. Sie unterstreichen oder kontrastieren die umgebende Architektur und bringen mit ihrer erfrischend natürlichen und immer auch etwas überraschenden Erscheinung Abwechslung und Lebendigkeit in den urbanen Raum. Dazu kommt die große Auswahl an pflanzlichen Protagonisten, sodass beinahe allen Gegebenheiten passend begegnet werden kann. So ist es möglich, auch ohne andauernde, intensive Pflege und vor allem ohne ständiges Gießen blütenreiche, üppige Pflanzungen zu realisieren: Eine Qualifikation, der in Zukunft nicht nur im öffentlichen Grün, sondern zunehmend auch in Privatgärten größere Bedeutung zugemessen werden muss.

Wo der Boden mager ist, können sich nur noch kleine Gewächse halten. Gräser haben es hier schwer, daher ist die Artenvielfalt an Blütenpflanzen an solchen Stellen – wie hier in einer Gipfelregion der nördlichen Karpaten – besonders hoch. Im Bild eine Kugelblume.

WIE DIE WIESE IN DEN GARTEN KAM

Grasländer und Hochstaudenfluren rund um den Globus bieten schon immer Inspiration für Gärten, Beete und Pflanzungen. Mit wachsender Verantwortung für die Umwelt und mehr Bewusstsein für Natur in unserem Umfeld steigt auch die Begeisterung für freiere und lebendigere Gestaltung; Beete dürfen sich verändern und die Jahreszeiten spürbar machen. Was liegt also näher, als den Charakter von Wiesen mit den Anforderungen der Gartengestaltung zu kombinieren? Und genau hier kommt die Staudenwiese ins Spiel!

Wenn Almen nicht zu intensiv beweidet werden, können sich zahlreiche Besonderheiten halten. Dazu gehören auch Orchideen, wie dieser üppige Bestand an Manns-Knabenkraut auf der Wurzeralm in den nördlichen Kalkalpen.

DIE NATUR ALS VORBILD

Wer schon einmal durch eine Wiese gewandert ist, wird sich erinnern: Schritt für Schritt gibt es Neues zu entdecken, jeder Blickwinkel eröffnet neue Kombinationen. Warum nicht diese Vielfalt auch im eigenen Garten genießen?

WAS SIND EIGENTLICH WIESEN?

Wiesen und Menschen stehen zueinander schon lange in Beziehung. Ursprünglich jagten wir in den Steppen, Grasländern und Savannen nach Tieren, wir sammelten Essbares und schätzten vermutlich auch die Übersichtlichkeit dieses Lebensraums, in dem wir sicherer waren als in dichten, undurchdringlichen Wäldern. Erst als die Menschen begannen, Tiere zu halten und sesshaft zu werden, fingen sie an, diese Grasländer aktiv zu verändern. Mit der Haltung von Tieren wandelten sich diese zu Weiden. Sobald die Flächen auch gemäht werden, spricht man von Wiesen.

Wiesen sind, rein wissenschaftlich betrachtet, Freiflächen, die standortabhängig vorrangig von Gräsern, an mageren Standorten etwas stärker von mehrjährigen Blütenpflanzen bewachsen sind und der Futtergewinnung für Grasfresser dienen. Früher wurde dieses Futter ausschließlich durch Mahd und anschließende Trocknung haltbar gemacht, heute erleichtern Maschinen diese Arbeit und gerade im Bereich der Milchviehhaltung wird vermehrt Silage erzeugt: Das geschnittene Gras trocknet nur kurz an und wird dann entweder in Ballen gepresst oder großflächig luftdicht unter Folien gelagert. Dort kommt es zu einer Milchsäurevergärung, die das Gras haltbar macht und daher die Fütterung vereinfacht. Für die Landwirtschaft genutzte Wiesen werden heute intensiv bearbeitet, häufig gemäht und dafür auch gedüngt. Nur so können die erwünschten Eiweißgehalte erreicht werden, die für die Weiterverarbeitung zu Milchprodukten erforderlich sind. Die Folge sind Fettwiesen, in denen einige wenige ertragreiche Grasarten und nur mehr eine Handvoll Blütenpflanzen Platz finden. Solche verarmten Landschaften, die zwar auf den ersten Blick idyllisch aussehen mögen, dienen Insekten, insbesondere spezialisierten Arten und vielen anderen Tieren kaum mehr als Nahrungs- und Lebensgrundlage.

UND WO GIBT ES NOCH WEIDEN?

Artenreicher gestalten sich Weiden. Sie dienen der direkten Ernährung von Tieren, die entweder dauerhaft auf diesen Flächen gehalten oder von Weidegebiet zu Weidegebiet getrieben werden. Früher dienten Heuwiesen im Winter als Weide – man kombinierte also Weide und Wiese. Heute ist diese Nutzung durch frühe und späte Mahd obsolet geworden. Dazu kommt, dass in Mitteleuropa die meisten Nutztiere ganzjährig im Stall gehalten werden und Weiden generell nicht mehr notwendig sind. Typische Weidegebiete finden sich noch in den Voralpen und in den Alpen selbst: Die Almgebiete der Alpen sind klassische Sommerweiden, deren kürzere, aber sehr üppige und durch den häufigen Niederschlag verlässliche Vegetationszeit für die Weidehaltung von Rindern, Schafen, Ziegen und Pferden genutzt wird. Botanisch sind solche Flächen vor allem dann interessant, wenn der Viehbestand nicht zu hoch ist und es zu keiner Überweidung kommt.

So werden die Grasbestände kurz gehalten, während sich Blütenstauden aufgrund der geringeren Konkurrenz gut entwickeln können. Der Mittelmeerraum blickt auf eine ebensolche Weidetradition zurück, wobei es in einigen Regionen aufgrund einer starken Übernutzung zu Bodendegradation kam. In den Gebirgen rund ums Mittelmeer und am Balkan sowie weiter in Richtung Zentralasien werden bis heute solche Weidegebiete genutzt.

Magerrasen, die erst im Frühsommer gemäht werden, beherbergen dichte Bestände an Wiesen-Salbei und Margeriten, wie hier in den Niederösterreichischen Voralpen.

Die eingangs erwähnten natürlichen Grasländer gehen meist auf trockene oder magere Standortbedingungen oder periodische äußere Natureinflüsse wie Überschwemmungen oder Brände zurück. Einige Graslandschaften wurden auch aktiv durch den Menschen geschaffen, indem er den Wald rodete, Brände legte oder intensive Tierhaltung betrieb. Die Wiesen sind daher untrennbar mit uns Menschen, unserer Sesshaftwerdung und Weiterentwicklung verbunden – und leider auch von uns abhängig und zum Großteil uns ausgeliefert. Durch intensive Landwirtschaft und maschinelle Nutzung gerieten artenreiche Wiesen ins Hintertreffen und sind nun immer seltener zu finden. Das ist schade, denn wir Menschen empfinden – entweder durch unsere gemeinsame Geschichte, das Aufwachsen in ihrem direkten Umfeld oder aber durch romantische und kollektive Verklärung – Wiesen als idyllischen und uneingeschränkt positiven Lebensraum.

DIE WIESE – EIN ORT DES FRIEDENS

Wie tief diese Wertschätzung in uns verankert ist, hat auch die Werbung erkannt und wirbt vor allem für landwirtschaftliche Erzeugnisse vermehrt mit Wiesen, genauso arbeitet die Tourismuswerbung mit diesem Sujet. Vielfältige Erklärungsversuche finden sich für dieses Phänomen: Dass wir Menschen uns in Savannen entwickelt haben, ist eine davon, eine weitere der schon erwähnte Ansatz, dass wir – im Gegensatz zu Wäldern, in denen sich leichter Beutegreifer verstecken können – Wiesen und ihre Sicherheit schätzen. Auch dass unsere Nahrung über Jahrtausende zum Großteil aus Wiesenlandschaften stammte, mag dazu beitragen, dass wir eine Blütenwiese als ansprechenden, friedlichen Ort verstehen.

Tausende Malereien wurden der Abbildung von Wiesen gewidmet. In Liedern werden Wiesen als Sehnsuchtsort besungen, in Filmen fungieren sie als Symbol für Freiheit und Sehnsucht. Wie sehr die Wiese etwas in uns rührt, zeigt sich gut im Frühling, wenn die ersten Rasenmäher aus dem Winterschlaf geholt werden: kaum ein Garten, wo nicht ein paar Schlüsselblumen oder Gänseblümchen als Insel, im Mai dann Margeriten und Glockenblumen als Erinnerung an eine „echte" Wiesen stehenbleiben dürfen, selbst wenn ringsherum Thujahecken vorherrschen.

Wiesen können auch in ihrer ursprünglichen Form in den Garten integriert werden. Dieser kleine Magerwiesenhügel im Garten der Autorin wird nur einmal im Jahr gemäht und zwar im Spätwinter. Das klappt, weil der Bewuchs nicht sehr dicht ist.

IHRE ROLLE IN DER GARTENGESTALTUNG

Davon abgesehen spielen Wiesen und Gestaltungsstile, die an Wiesen erinnern, im zeitgenössischen Hausgarten eine eher untergeordnete Rolle. Das ist nicht überall so: In früheren englischen Landschaftsgärten und zahlreichen bekannten Gärten der Gegenwart sind Wiesen ein wichtiger Teil der Gestaltung. Sie füllen nicht einfach nur Flächen, sondern sind im Frühling und Frühsommer ein prächtiger Gartenteil, den Beeten ringsum ebenbürtig. Meist werden diese Wiesen durch Aussaat oder Pflanzung um zusätzliche Arten ergänzt, oft beherbergen sie eine Vielzahl von Zwiebelpflanzen und ihr üppiger, überbordender Wuchs steht in reizvollem Kontrast zu den formalen, geordneten Beeten im Rest des Gartens. Besonders oft sind Wiesen mit Streuobstwiesen und Gehölzbeständen kombiniert und fast immer führen malerische Wege durch diese Flächen.

Es ist nachvollziehbar eine schwierige Herausforderung, diese Art der Gestaltung in meist viel kleinere Hausgärten zu integrieren. Daher finden Wiesen und ihre charakteristischen Merkmale auf kleineren Flächen nur selten Verwendung – völlig zu Unrecht, wie wir finden! Und hier kommt die Staudenwiese ins Spiel. Bevor wir uns aber ansehen, was man darunter versteht, muss noch geklärt werden, was den Lebensraum Wiese für den Garten so wertvoll macht.

LEBENSRAUM GARTEN

Pflanzen wachsen an ihren ursprünglichen Naturstandorten bevorzugt an Standorten, die viel Licht, gute Wasserversorgung und ausreichend Nährstoffe bieten. Dann muss noch die Temperatur passen – sowohl zur Zeit der Blüte als auch danach – und neben einer Reihe weiterer Faktoren sollte vor allem sichergestellt sein, dass eine Vermehrung möglich ist, wozu bestäubende Tiere oder zumindest Wind notwendig sind. So betrachtet, erscheint es erstaunlich, dass es an so vielen Orten grünt und blüht, teilweise so sehr, dass wir Menschen alle Hände voll zu tun haben, dem Sprießen Einhalt zu gebieten. Wie ist das möglich? Zum einen liegt es an der Zeit, die Pflanzen für ihre Entwicklung hatten. In den vielen Millionen Jahren, die sie nun schon existieren, konnten sie sich spezialisieren und alle nur erdenklichen Nischen erschließen. Geblieben sind ihnen nur eine Handvoll existenzielle Bedürfnisse, die zwingend erfüllt werden müssen: Sie brauchen vor allem Licht und Wasser, aber auch Nährstoffe und CO_2. Aus diesem Grund gibt es im Inneren der Erde keine Vegetation und sowohl an den Polkappen als auch an sehr trockenen Standorten wie Wüsten nimmt die Artenanzahl rapide ab, bis nur noch ganz wenige ausdauernde und besonders angepasste Spezialisten überleben können.

In Bezug auf alle anderen Faktoren und deren Ausprägung haben Pflanzen deutlich mehr Spielraum: Mithilfe von Speicherorganen können sie Trockenphasen überdauern, mit großen Blättern Lichtmangel ausgleichen und mit festem Laub und silbriger Behaarung Sonneneinstrahlung besser ertragen – und das sind nur die gängigsten Anpassungen. Zahlreiche weitere verblüffende Tricks und Kniffe finden sich in der Pflanzenwelt, erstaunliche Lebensabläufe ermöglichen ein Grünen und Blühen in den unwirtlichsten Lebensräumen.

Wer hätte gedacht, dass der heimische Kalkmagerrasen einer der artenreichsten Lebensräume ist? Seine Vielfalt macht Lust, es im Garten auch mit so einer Pflanzung zu probieren.

MAGERRASEN STICHT REGENWALD

Wo aber bietet sich uns die größte Artendichte? Wer jetzt an den Regenwald denkt, liegt zwar richtig, aber nur knapp: Die tropischen Wälder punkten durch ihre schiere Vielzahl an Möglichkeiten, die ihre verschiedenen Etagen des Blätterdachs und die damit vorhandenen zahlreichen Oberflächen und wechselnden Bedingungen bieten. Sie beinhalten daher als Gesamtheit die höchste Anzahl an Arten pro Fläche, weil vom Boden bis zu den Baumkronen so viele von ihnen parallel vorkommen können. Betrachtet man aber ganz kleine Flächen am Boden, $1\,m^2$ oder gar nur $25\,cm^2$, haben wir einen unerwarteten Sieger: den mitteleuropäischen Halbtrockenrasen über Kalk. Noch mehr als die geografische Nähe zu uns und sein eher ausbaufähiges Image in der Öffentlichkeit überrascht sein Hintergrund: Forcierte Weidetätigkeit, Rodung und Heunutzung ließen ihn entstehen, menschliche Aktivität also. Wir Menschen, Zerstörer und zugleich Geburtshelfer des artenreichsten Lebensraums überhaupt?

Es war einmal. Genauso wie Regenwälder sind auch Magerrasen von menschlicher Nutzungsintensivierung stark bedroht. Durch Veränderungen seit der Mitte des 20. Jahrhunderts erlitten sie eine massive Beeinträchtigung und wurden auf kleine Restflecken zurückgedrängt. So wie dem Kalkmagerrasen geht es fast allen Wiesen, die sich im Zuge der Wei-

Wenn Wiesen häufig gemäht werden, bleiben meist nur Gräser und ein paar wenige robuste Blütenpflanzen übrig. Die Blütenköpfe von Spitzwegerich sehen im Herbstlicht zwar idyllisch aus, besondere Artenvielfalt bietet sich jedoch in dieser Wiese nicht.

detierhaltung mit uns Menschen entwickeln und ausbreiten konnten. Über Jahrtausende entstanden ganz spezielle Pflanzengemeinschaften, die von der regelmäßigen Pflege – Beweidung und Mahd – profitierten und einen Lebensraum im Überfluss zur Verfügung hatten, der ohne Menschen nicht möglich ist: die (bewirtschaftete) Wiese.

WIE WIESEN ENTSTEHEN

Um die Rolle der Wiese und ihres Pflanzenbesatzes für den Garten nachvollziehen zu können, ist eine Unterscheidung nach ihrer Entstehung und Erhaltung notwendig. So sind bei ausreichender Regenmenge und gemäßigten Temperaturen Gehölze rund um den Globus die vorherrschenden Gewächse. Sie besiedeln die Tropen, würden Mitteleuropa fast vollständig bedecken und begrünen in der kaltgemäßigten Zone als borealer Nadelwald Kanada, Skandinavien und Sibirien. Dort aber, wo Kälte, Schnee, Trockenheit und regelmäßige Störfaktoren wie Überschwemmungen ihnen zu sehr zusetzen, konnten sich kleinere Pflanzen – Gräser, Blütenstauden, Einjährige und auch Zwergsträucher – durchsetzen. Die so entstandenen natürlichen Wiesen, die es auch ohne Beweidung oder Mahd gibt, finden sich in Mitteleuropa nur mehr an wenigen Orten, da sie in den meisten Fällen menschlicher Nutzung weichen mussten. Am deutlichsten ist dieser Rückgang bei den Mooren zu sehen, einer sehr speziellen Art von Wiese, die nur extrem angepasste Arten enthält – in Österreich existieren noch rund 20 Prozent der ursprünglichen Moorflächen, in Ländern mit größeren Flächen ist der Rückgang meist dramatischer.

Bei Steppen und steppenähnlichen Pflanzengesellschaften sieht es noch trister aus: Weil sie häufig gute Ackerböden abgaben, zumindest aber zur intensiven Tierhaltung genutzt werden konnten, wurden sie relativ rasch vom Menschen erschlossen und damit nachhaltig verändert. Von den ursprünglichen Prärieflächen, die in Nordamerika weite Teile im Inneren des Kontinents bedeckten, sind heute weniger als 1 Prozent übrig. Der Großteil fiel Ackerflächen zum Opfer. Ähnlich sieht es im eurasischen Steppengürtel aus, der von Osteuropa bis Ostasien reicht: Bevor der Mensch eingriff, sorgten große Herden von Pflanzenfressern für den Erhalt der Steppe und ihrer pflanzlichen Vielfalt. Ab der Mitte des vergangenen Jahrhunderts wurden an verschiedenen Orten landwirtschaftliche Bemühungen unternommen, die zum Teil wieder aufgegeben wurden (einige Regionen in Russland, Kasachstan und Usbekistan), an anderen Orten entstand mithilfe von Brunnen und Bewässerungssystemen eine florierende Landwirtschaft. Mit der Austrocknung des Aralsees, indem man seine Zuflüsse für Reis- und Baumwollanbau ableitete, ging gleichzeitig die Zerstörung der Steppenlandschaft ringsum einher.

In der Hochebene von Castelluccio – das gleichnamige Dorf wurde beim Erdbeben von 2016 leider stark in Mitleidenschaft gezogen – werden seit jeher besondere Linsen angebaut. Begleitet werden sie von klassischen Ackerpflanzen wie Kornblumen, Mohn und Kamille, quasi eine landwirtschaftliche Blütenwiese.

Wo die Humusauflage durch natürliche und menschliche Einflüsse sehr dünn ist, entwickelt sich – wie hier an der Westküste Sardiniens – mit der Garrigue eine schüttere Pflanzengesellschaft, die von Halbsträuchern und krautigem Unterwuchs geprägt ist.

MENSCHEN UND WIESEN – EINE ENGE VERBINDUNG

Neben all diesen Beispielen verlorener Grasländer gibt es aber auch ökologisch wertvolle und artenreiche Flächen, die gerade durch die Aktivität des Menschen überhaupt erst entstehen konnten. Der Magerrasen wurde bereits erwähnt, aber auch Heidelandschaften, Almflächen im Gebirge und sämtliche Wiesen, die mit und für die Tierhaltung vom Menschen bewusst erhalten wurden, zählen dazu. So war es über sehr lange Zeit üblich, Heu als Winterfutter zu gewinnen und Flächen, die zur Heugewinnung zu mager waren, durch Nomaden oder saisonale Wanderhirten zu beweiden. Diese, mit heutiger Landwirtschaft verglichen, sehr sanften Bewirtschaftungsarten ermöglichen eine enorme Vielfalt von Pflanzen, die sich im heutigen Erscheinungsbild einer Wirtschaftswiese nicht mehr wiederfindet. Es soll allerdings nicht verschwiegen werden, dass intensive Beweidung, vor allem auf trockenen Böden mit geringer Humusauflage und in Verbindung mit Abholzung, in einigen Fällen zu Degradation, Bodenerosion und am Höhepunkt der Entwicklung zu Verödung und Verwüstung geführt haben.

Botanisch gesehen bieten solche „verlorenen" Lebensräume aber stets spannende Pflanzengemeinschaften und heute sind solche Regionen häufig besonders artenreich, weil sie aufgrund ihrer geringen Wirtschaftlichkeit den Intensivierungsmaßnahmen der restlichen Landschaft erfolgreich entgangen sind. An solchen Orten findet sich heute oft verbuschtes Grasland. Manchmal fehlt die Humusschicht noch immer, sodass sich nur sehr trockenheitstolerante Arten etablieren können. Ein Beispiel für diese Lebensräume ist die mediterrane Macchie, eine manchmal undurchdringlich dichte, dann wieder schüttere Busch- und Strauchlandschaft, die von dornigen Gehölzen und zahlreichen Blütenpflanzen geprägt ist, die meist im niederschlagsreichen Winterhalbjahr zur Blüte gelangen. Wird die Macchie weiter genützt, etwa zur Beweidung mit Ziegen, die auch Gehölze fressen, wird sie zur Garrigue. Sie beinhaltet nur mehr niedrige Büsche, dornige Zwergsträucher und aufgrund der besseren Lichtbedingungen jede Menge Blütenpflanzen – wenn der Standort passt, auch Orchideen und andere Besonderheiten. Diese Lebensräume sind dann keine idyllischen, im Wind wogenden Wiesen mehr – ihr Bewuchs kann aber für entsprechende Lebensräume verwendet werden.

Für den Garten sind diese Freiflächen genauso wie „echte" Wiesen in jedem Fall eine großartige Inspiration. Jedes Staudenbeet, das ohne Gehölze auskommt, ist im Grund eine Wiese, auf der zwar kein Tier genüsslich weidet, in jedem Fall jedoch eine Gesellschaft aus Pflanzen entsteht, die im Optimalfall über mehrere Saisons Bestand hat. Manche Beete brauchen für einen verlässlichen, haltbaren Eindruck mehr Eingriffe, andere sind – wie eben eine Wiese – über längere Phasen stabil und zwar idealerweise über mehrere Jahre hinweg. Wenn die Pflanzen innerhalb eines Beets an ihren Plätzen bleiben sollen, erfordert dieser Zustand erneut größeren Einsatz. So müssen raschwachsende geteilt, schwächere eventuell nachgepflanzt werden, damit der Eindruck der Pflanzung erhalten bleibt. Anders ist es, wenn eine Auswahl an Pflanzen in dynamischer Veränderung einem Beet Lebendigkeit verleiht. Und voilà: Das wäre nun die Staudenwiese.

VERSCHIEDENE TYPEN RELEVANTER PFLANZEN-GEMEINSCHAFTEN

Die blütenreichen Wiesengesellschaften rund um den Globus sind verantwortlich dafür, dass es in unseren Gärten grünt und blüht. Die Vorfahren unserer Prachtstauden – vor allem jener, die Sonne lieben – wuchsen allesamt einmal in Wiesen oder zumindest ähnlichen Situationen, wogten zwischen Gräsern im Wind und mussten Spätfrösten, hungrigen Pflanzenfressern und anderen Widerständen zum Trotz ihre Ausbreitung sicherstellen. Durch Auslese, gezielte Zucht und Vermehrung besonders schöner Exemplare entstanden Gartensorten, die mit ihren Wildformen mal mehr, öfter aber auch kaum mehr etwas zu tun haben. Häufig kam es so zu neuen Farbvarianten, viel größeren Blüten und auch der Wuchs hat sich verändert.

Gestalten Sie nun eine Staudenwiese, können Sie auf den Schatz an beiden Enden dieser Entwicklung zurückgreifen: Einerseits sind durch steigendes Interesse immer mehr Wildstauden im Handel, andererseits gibt es keinen Grund, warum nicht erprobte und verlässliche Gartensorten in Wiesensituationen gepflanzt werden könnten.

Für funktionierende Kombinationen mit passenden Nachbarn sind die Naturstandorte vieler Pflanzen eine spannende und für Gartenfreunde sehr lohnenswerte Inspirationsquelle. Direkt vor Ort wird oft am besten deutlich, was unter „standortgerecht" zu verstehen ist, und nicht selten

An den mageren Hängen des Apennins ist die Artenvielfalt an Blütenpflanzen besonders hoch. Neben Gelbem Enzian finden sich hunderte kleine Blütenpflanzen, die den mageren Kalkboden im Umfeld eines Skigebiets dicht an dicht besiedeln.

wird erst im Angesicht einer Pflanze wirklich klar, warum sie im eigenen Garten bisher nicht wirklich wachsen wollte. Von den vielen Lebensräumen, in denen Pflanzen unsere Umwelt besiedeln, seien nun nur ein paar exemplarisch hervorgehoben, die als Herkunftsort bekannter Gartenstauden relevant sind und aufgrund ihres Artenreichtums auch Ideen für die Pflanzung im Garten bieten können.

KALKMAGERRASEN ALS HOTSPOT DER ARTEN

Man muss nicht immer in die Ferne schweifen. Viele beliebte Stauden stammen aus der Natur direkt vor unserer Haustür: Der schon mehrfach zitierte Kalkmagerrasen ist ein Hotspot der Artenvielfalt. Er zählt zu den eher niedrigen Wiesen, die vergleichsweise schütter wachsen und dessen Bewuchs vorwiegend mittlere Höhen um etwa 60–80 cm erreicht. Aufgrund seiner weiten Verbreitung in Mitteleuropa umfasst er Gebiete mit ganz unterschiedlichen Niederschlagswerten. Typisch sind neben zahlreichen Gräserarten vor allem reiche Vorkommen an Orchideen, die sich bei der Haltung im Garten leider recht anspruchsvoll verhalten. Bekannte Stauden aus diesem Lebensraum, die Eingang in unsere Gärten gefunden

In den oberösterreichischen Voralpen sind einige Kalkmagerrasen seit jeher extensiv genutzt worden. Werden diesen Wiesen auch heute noch geheut, bilden sie einen wertvollen Lebensraum für Pyramiden-Hundswurz und andere Blütenpflanzen.

haben, sind etwa Kartäuser-Nelke (*Dianthus carthusianorum*), Tauben-Skabiose (*Scabiosa columbaria*), Kuhschelle (*Pulsatilla vulgaris*), Echte Schlüsselblume (*Primula veris*), Heil-Ziest (*Stachys officinalis*), Wiesen-Salbei (*Salvia pratensis*), Echtes Labkraut (*Galium verum*), Ausdauernder Lein (*Linum perenne*), Pfirsichblättrige Glockenblume (*Campanula persicifolia*) oder Blutroter Storchschnabel (*Geranium sanguineum*). Weil viele dieser Arten trockenheitstolerant sind, werden sie in den letzten Jahren vermehrt im öffentlichen Grün eingesetzt, wo sie, einmal eingewachsen, nur noch wenig Pflege und kein Wässern mehr benötigen.

An feuchteren Standorten, etwa an den Ufern von Gewässern, an Waldrändern und in höheren Gebirgslagen konnten sich im Vergleich zum Magerrasen viel üppigere und höhere Pflanzengemeinschaften bilden. Diese Hochstaudenfluren, die auch in höheren Gebirgslagen häufig anzutreffen sind, entpuppten sich in Bezug auf gartenwürdige Pflanzen als besonders ergiebig: Sterndolden (*Astrantia major*), Wiesen-Storchschnabel (*Geranium pratense*), Wiesenrauten (*Thalictrum flavum*, *Th. aquilegifolium*), Blut-Weiderich (*Lythrum salicaria*), Mädesüß (*Filipendula ulmaria*), Großer Wiesenknopf (*Sanguisorba officinalis*), Jakobsleiter (*Polemonium caeruleum*) und in höheren Gebirgslagen dann Eisenhut (*Aconitum napellus*), Fingerhut (*Digitalis grandiflora*) sowie Meisterwurz (*Peucedanum ostruthium*) stammen aus ihnen.

Ganz nahe am Naturvorbild in Nordamerika wurde diese Präriefläche im Botanischen Garten Würzburg gestaltet. Im Bereich der „Mixed Grass Prairie“ (bis zu einer Höhe von etwa 120 cm) gedeihen die sehr trockenheitsresistenten *Echinacea tennessiensis*.

Aus dem pannonischen Klima stammen einige trockenheitsverträgliche Stauden für die sonnige Freifläche. Die nickende Distel (*Carduus nutans*) ist eine davon. Sie wächst im Burgenland zusammen mit Österreichischem Lein an trockenen, heißen Stellen.

AUCH EINE ART VON WIESE: PRÄRIE

In den letzten Jahren gewannen Stauden aus den nordamerikanischen Prärien immer mehr an Beliebtheit. Das liegt zum Teil an der Trockenheitsverträglichkeit, die vielen von ihnen nachgesagt wird, aber nicht auf alle Präriestauden zutrifft. Denn die riesigen Weiten der Prärie umfassen verschiedene Bereiche mit sehr unterschiedlich großen Regenmengen. Die sogenannte „Shortgrass prairie“, mit einer Wuchshöhe bis zu 1,20 m, weist eine ausgeprägte Sommertrockenheit auf, da sie im Regenschatten der Rocky Mountains liegt. Arten, die dort vorkommen, können tatsächlich auch gut mit den vorübergehenden Trockenphasen unserer mitteleuropäischen Sommer klarkommen. Neben einer großen Vielfalt an Gräsern wachsen dort Präriesonnenhut (*Ratibida pinnata*), Palmlilien-Mannstreu (*Eryngium yuccifolium*) und einige *Echinacea*- sowie *Penstemon*-Arten.

Stammen Stauden hingegen aus der „Tallgrass praire“, mit Wuchshöhen bis zu 3 m und mehr, die weiter im Osten liegt und deutlich höhere Niederschläge, 700–900 mm pro Jahr, aufweist, benötigen sie feuchtere Böden. Sie wachsen in klassischen Beetsituationen gut und sind über nährstoffreiche, eher frische Standorte dankbar, auch wenn sie, einmal eingewachsen, kurze Trockenphasen überstehen können. Einige der beliebtesten Gartenstauden sind Präriepflanzen: Flammenblume (*Phlox*), Prachtscharte (*Liatris spicata*), Scheinsonnenhut (*Echinacea*), Sonnenhut (*Rudbeckia*), Seidenpflanzen (diverse *Asclepias*), Sonnenauge (*Heliopsis helianthoides*), Mädchenaugen (diverse *Coreopsis*), Scheinastern (*Vernonia*), Wasserdost (*Eupatorium*), Goldruten (*Solidago*), Becherpflanzen (*Silphium*), Indigolupine (*Baptisia australis*), etliche Astern und auch der Blausternbusch (*Amsonia*).

Weitere wichtige Herkunftsgebiete von Wiesenpflanzen sind, besonders für hitze- und trockenheitsverträgliche Pflanzen, der Mittelmeerraum oder die Regionen östlich von Österreich (pannonisches Klima). Auch Zentralasien mit seinen Steppen und ausgedehnten Gebirgsregionen verdanken wir das reiche Sortiment an winterharten Pflanzen, mit denen mitteleuropäische Gärten in blühende Wiesen verwandelt werden können.

SONNIG IST NICHT IMMER MAGER!

Wichtig ist beim Thema Staudenwiesen, nie zu vergessen, dass Freiflächen in der Natur in Verbindung mit den verschiedensten Bodentypen und unter ganz unterschiedlichen Feuchtigkeitsbedingungen vorkommen. Daher besteht kein zwingender Zusammenhang zwischen sonnigen Freiflächen und mageren, trockenen Standorten – ganz im Gegenteil. Viele Pflanzen der Hochgrasprärie, der alpinen Staudenfluren und ihrer asiatischen Entsprechungen bevorzugen nährstoffreiche, zumindest im Frühling gut mit Wasser versorgte Standorte. Das entspricht ihrer natürlichen Verbreitung in Gebirgen, wo die Schneeschmelze im Frühling selbst bei kontinentaler und daher im Frühjahr sich rasch erwärmender Lage für gleichmäßige Feuchtigkeit sorgt oder auch in der warmen Jahreszeit ausreichend Niederschlag fällt. Stammen diese Arten aus Japan oder dem Osten Chinas, sind sommerliche Regenfälle sogar die Regel. Daher sind *Ligularia*-Arten und *Rodgersia* dankbar, wenn sie bei uns entweder in frische bis sogar feuchte Böden oder zumindest etwas schattiger gepflanzt werden. Heiße Sommer mit geringer Luftfeuchtigkeit behagen ihnen dagegen wenig.

Standorte mit ausgeprägter Trockenheit im Sommer, die zudem starker Sonneneinstrahlung ausgesetzt sind und mit durchlässigen Böden ihre Bepflanzung im Winter vor Staunässe bewahren, sind für etliche Magerrasen-Arten geeignet und optimal für die Flora des Mittelmeerraums. Zahlreiche Arten aus dieser Region sind ausreichend winterhart, um auch nördlich der Alpen verwendet zu werden. Ihre Zuverlässigkeit steigt, je durchlässiger der Boden ist und die Pflanzen vor winterlichem Matsch oder dem Wechsel von gefrorenem, feuchtem Boden und wärmeren Phasen schützt. Je nach Herkunft bedürfen diese Pflanzen im Sommer sogar der Trockenheit. Fast alle Zwiebelpflanzen aus dem Nahen Osten, darunter auch alle Tulpen, brauchen diese niederschlagsarmen Phasen, um im Folgejahr üppig zu blühen.

Wirklich spannend wird eine Bepflanzung dann, wenn Sie Arten miteinander verwenden, die aus ähnlichen Habitaten stammen und entweder mit Robustheit gesegnet oder mit einer hohen Toleranz für unterschiedliche Standorte ausgestattet sind. Hilfreich sind bei solchen Vorhaben immer Beobachtungen aus bestehenden Beeten oder Erfahrungen, die Sie im Garten bereits sammeln konnten. Auf diese Weise können Sie sich

Alpine Feuchtwiesen befinden sich öfters im Übergang zum Moor, was einen ganz besonderen Lebensraum darstellt. Bärtige Glockenblume, Kuckucks-Lichtnelken, Alpen-Greiskraut, Schmalblättriges Wollgras und Alpen-Schnittlauch bilden hier eine artenreiche Wiese.

Extremstandorte wie dieser Gipfelgrat im Apennin können nur von Spezialisten besiedelt werden. Eine Adaption für den Garten ist schwer, denn häufiger Nebel führt zu hoher Luftfeuchtigkeit, die im Garten meist fehlt, dazu kommt zuverlässiger Schnee im Winter.

herantasten, ob eine seltene Kombination wirklich nicht funktioniert oder nur nie versucht wurde.

SÄMLINGE KÖNNEN ÜBERRASCHEN

Unerwartete Unterstützung bieten von selbst auftauchende Sämlinge: Zuweilen kommt es hier zu ganz erstaunlichen Überraschungen. Sie erscheinen an Orten im Garten, die selbst erfahrene Fachleute manchen Stauden gar nicht zugetraut hätten. So finden sich mitten im sonnigen Magerbeet der Autorin immer mehr Leberblümchen ein, die man viel eher im humusreichen Schattenbeet vermuten würde. Auch Akeleien, zugegebenermaßen ohnehin als robust bekannt, sind als Begleitpflanzen für hohe Staudeniris nicht zu verachten – obwohl man sie selbst wohl eher im Halbschatten angesiedelt hätte. Betrachtet man dieses Verhalten, so erscheint es bei aller Begeisterung für standortgerechtes Gärtnern hin und wieder eine gute Idee zu sein, etwas zu probieren, mutig zu wagen und besonders mit Sämlingen Versuche anzustellen. Manchmal führt auch der Zufall zum Erfolg: Eine der schönsten Stauden im Magerbeet der Autorin ist *Cynoglossum nervosum*, die Himalaya-Hundszunge. Sie bevorzugt nach einhelliger Fachmeinung einen halbschattigen, nicht zu trockenen, luftfeuchten Standort. Weil etwas verwechselt wurde, landete sie auf einer heißen, sandigen, ausgesprochen trockenen Stelle – und gedeiht dort seit Jahren prächtig, es tauchen sogar schon Sämlinge auf.

Für den natürlichen Eindruck eines Beets ist daher die Selbstaussaat von Stauden ein wichtiger Vorgang. Denn es entsteht so nicht nur eine natürliche Anordnung der Pflanzen, sondern einige werden sich auch gesünder und üppiger entwickeln als die gepflanzten Exemplare. Leider passiert es hin und wieder auch andersherum, und Stauden säen sich doch nicht so aus, wie das eigentlich geplant war. Das liegt daran, dass gut entwickelte Beete kaum freie und sonnige Stellen mehr aufweisen, weshalb sich die Aussaat meist an die Beetränder verlagert. Es ist tröstlich zu wissen, dass der hohe Anteil an zweijährigen Pflanzen in den Beeten englischer Gärten an anderen Orten vorgezogen und erst später in die Beete gepflanzt werden. Eine Methode, die man selber natürlich ebenfalls anwenden kann!

Manchmal verschwinden Pflanzen auch einfach. Aber das gehört dazu und ist ein Grund, warum man immer ein paar Arten mehr einplanen sollte, die im Beet herumvagabundieren dürfen.

Die Himalaya-Hundszunge wurzelt offenbar tief genug, um auch an trockenen Freiflächen gut zu gedeihen. Vermutlich trägt auch der hohe Niederschlag entlang der Nordalpen dazu bei – bei jedem Pflanzvorbild ist der Wuchsort daher eine wichtige Information.

Baldrian, Hanfblättriger Eibisch, Staudenknöterich, Phlox, Nesselblättrige Glockenblume, Eisenkraut und Gelbe Stockrose sorgen im Hochsommer für bunte Staudenwiesen.

STAUDENWIESEN IN DER GARTENGESTALTUNG

Staudenwiesen sind nicht einfach Blumenwiesen, die ausgesät werden und dann wieder vergehen: Sie stellen vielmehr Pflanzengesellschaften dar, die sich gegenseitig ergänzen, optisch zueinanderpassen und gemeinsame Standortansprüche vereinen. Nach diesen Gesichtspunkten kombiniert, bilden sie eine unkomplizierte Synthese aus komponiertem Staudenbeet und üppig-bunten Blumenwiesen. Das freut die menschlichen Betrachter und bietet ganz nebenbei ökologische Mehrwerte.

WAS UNTERSCHEIDET STAUDENWIESEN VON KLASSISCHEN BEETEN?

In Staudenwiesen tritt die gestaltende Hand möglichst weit zurück: Stattdessen wirken die Pflanzen und ihr Zusammenspiel – am Anfang vorsichtig gepflanzt, später durch Aussaat. So wandelt sich die Pflanzung ständig, bleibt lebendig und abwechslungsreich.

ALPINUM, GRAVEL GARDEN UND CO.: DIE SONNIGE FREIFLÄCHE IM WANDEL

Die Gestaltung von Gärten war lange Zeit der Versuch, sich von der Natur abzuheben. Da waren etwa die formalen Anlagen des Barock: Mit eigener oder teuer bezahlter Körperkraft wurde versucht, die Oberhand zu behalten und das jeweilige Stück Land nach eigenen Vorstellungen zu gestalten.

Dabei ist zu bedenken, dass die Menschen damals ohne Traktor und moderne Arbeitsgeräte jeden Quadratmeter Land, den sie für Landwirtschaft oder ästhetische Zwecke wie Gärten nutzen wollten, zuvor urbar machen mussten. War dies gelungen, mussten sie diesen Zustand in einem fort verteidigen. Diese Mühen, die dafür notwendige Körperkraft und die aus heutiger Perspektive zermürbend langsamen Methoden, unter der zeitlichen Bindung zahlreicher Arbeitskräfte, waren damals allgegenwärtig. Es ist daher zu vermuten, dass die mit diesen Arbeiten vertraute Landbevölkerung eine blühende Wiese nicht als sonderlich idyllisch wahrnahm, sondern in Gedanken bereits an die Heugewinnung dachte. Wahrscheinlich waren blühende Wiesen darüber hinaus so zahlreich vertreten, dass niemand ihnen besonderen Stellenwert beimaß.

Es war folglich kein Wunder, dass Gärten nicht an diese anstrengenden, für die Gewinnung der täglichen Nahrung aber so wichtigen Tätigkeiten erinnern sollten. Gärten waren daher, ohne genau ins Detail zu gehen, in unseren Breiten über viele Jahrhunderte hinweg Sehnsuchtsorte der Ruhe und seelischen Entspannung, klar in der Form und auf den ersten und jeden weiteren Blick gezähmt und unter Kontrolle. Wer es sich leisten konnte, unterhielt sich riesige Anlagen voller Formschnittgehölze, symmetrisch angelegter Beete und breiter Kiespfade. Wildnis und Unwägbarkeiten blieben zum Großteil außen vor – wenngleich emotionale Bereiche wie Labyrinthe und Irrgärten zumindest im Barockgarten sehr wohl ihren Platz hatten. So wurde Natur in manierierter Form durchaus berücksichtigt und sogar integriert.

Etwa zu dieser Zeit, im 18. Jahrhundert, entstanden in England und später überall in Mitteleuropa, Landschaftsparks, die sich bewusst von den bisherigen Gartenanlagen abhoben und eine zwar sehr harmonisch-idealistische, aber doch deutlich natürliche Gestaltung in den Mittelpunkt stellten. Abhängig von den verfügbaren Mitteln entstanden so weitläufige Anlagen, die mit per Hand geschaufelter Geländemodellierung unterschiedlichsten Landschaften nachempfunden waren oder ästhetischen Grundideen der Gestaltung entsprachen – und diese auch bewusst zitierten. Flächige Staudenpflanzungen hatten dort keinen Platz, viel eher fielen vormalige Wiesen den Umgestaltungen zum Opfer und wurden durch Rasenflächen ersetzt, die dem Wunsch nach gestalteter Natur näherkamen als alltäglicher Bewuchs, der ohnehin an jedem Wegrand zu finden war.

Die Entstehung von Wiesen ist auch bei uns nicht immer nur auf den Menschen zurückzuführen: Dieses artenreiche Niedermoor, der Teichlboden nahe der Wurzeralm in den nördlichen Kalkalpen, entstand aus einem ehemaligen Gletschersee, der schließlich verlandet ist.

Die Vegetation in den Gipfelregionen der Alpen dient als Vorbild für Alpinum und Steingärten. Tatsächlich sind manche Stellen so dicht mit Blütenpflanzen bewachsen, als hätte sie jemand gepflanzt, wie hier beim Aufstieg zum Schrocken in den Nördlichen Kalkalpen Oberösterreichs.

AUF DEM WEG ZUM NATURGARTEN

Vielleicht ist es müßig, Trends und zeitgenössische Entwicklungen stets mit Zeitgeschichte zu begründen. Aber es fällt doch auf, dass der Eingang der Natur in große, repräsentative Anlagen punktgenau dann erfolgte, als die Natur in Mitteleuropa immer mehr in Bedrängnis geriet. Denn mit einer Reihe bahnbrechender Erfindungen gelang es nun immer häufiger, die bislang kaum zu bändigende Durchsetzungskraft der Natur auszuhebeln. Es sollte zwar noch einige Zeit dauern, aber die Grundsteine für moderne Landwirtschaft, maschinelle Urbarmachung der Natur und die Erschließung von bis dahin unwirtlicher Wildnis wurden mit der beginnenden Industrialisierung gelegt. Und genau in dieser Zeit entstand ganz allmählich die Idee von Gärten, wie sie seit einigen Jahren zunehmend in den Fokus gelangen. Gärten, die weniger das Wirken des Menschen, sondern mehr und mehr die Natur in den Mittelpunkt ihres Schaffens stellen.

Mit zunehmender Urbanisierung und einem vermehrten Bewusstsein für Umwelt und Artenvielfalt verstärkte sich dabei nicht nur die Sehnsucht der Menschen nach unberührter Wildnis, sondern auch die Notwendigkeit des Schutzes solcher Orte. Es ist folglich keine Überraschung, dass ab dieser Zeit auch wildere Gärten angelegt wurden. Schritt für Schritt konnte sich eine natürlichere Art der Gartengestaltung etablieren. Man begann, neben üppigen, großblütigen Pflanzen bzw. gärtnerischen Auslesen und Züchtungen auch Wildformen, vielerlei Gehölze und Pflanzen mit kleineren, natürlich wirkenden Blütenformen zu kultivieren und in Gärten zu verwenden.

ALPINUM UND ALPENGÄRTEN

Parallel zu diesen Entwicklungen setzte ab dem 16. Jahrhundert eine vermehrte Begeisterung für Pflanzen aus fernen Lebensräumen ein. Diese Lust auf exotische Pflanzen befeuerte einerseits die weltweit unternommenen Forschungsreisen und lenkte anderseits auch den Blick auf spezielle Pflanzengesellschaften im näheren Umfeld. Eine Folge davon war die Anlage von Gebirgsimitationen, die man in Anlehnung an die nächstgelegenen Hochgebirge als Alpinum bezeichnete. Bald war es ein beliebtes

Auch dieses reiche Vorkommen an Alpen-Aurikeln im Bereich des Warschenecks braucht sich vor einer Gartenanlage nicht zu verstecken. Solche Lebensräume nachzubauen, kann in tiefergelegenen Gärten zur Herausforderung werden.

Hobby, winzig kleine Gebirgspflanzen fern ihrer Heimat in kunstvoll nachgebildeten Schluchten, Felsformationen und auf aufgeschütteten Hügeln zu kultivieren. Das erste Alpinum wurde in Wien von Carolus Clusius angelegt, dem Hofbotaniker Maximilians II. Clusius machte sich durch Exkursionen und zahlreiche Neubeschreibungen von Alpenpflanzen einen Namen.

Im Grunde kann die Auseinandersetzung mit alpinen Pflanzen als erste bewusste Hinwendung zu Wildpflanzen offener, sonniger Freiflächen verstanden werden – vor allem, weil die Alpen nicht der einzige untersuchte Lebensraum blieben. Jegliche Gebirgsregionen, zuerst in Europa, später rund um den Globus, wurden nach bis dato unbekannten Pflanzen durchsucht. Aufgrund der erheblichen Schwierigkeiten, die sich bei der Kultur alpiner Pflanzen in tieferen Lagen ergaben, mussten auch die Pflanzenkenntnisse wachsen. Man versuchte, mit der Verwendung geeigneter Gesteine und der Anpassung des Untergrunds die Bedingungen gebirgsähnlicher zu gestalten, und achtete darauf, an welchen Standorten die Pflanze in der Natur wuchs. Bei einigen Arten hat das aber bis heute keinen Erfolg – sie benötigen die richtige Kombination aus Luftfeuchtigkeit, frostigen Wintern und nicht zu langen, heißen Sommern, um dauerhaft überleben zu können. Manche kommen in tiefen Lagen trotz aller Zuwendung nie zur Blüte.

Als Lösung wurden im 19. Jahrhundert sogenannte Alpengärten dort errichtet, wo das Klima geeigneter schien: In gut zugänglichen Gebirgslagen, auf zumindest 1000 m Seehöhe, gab es keine Probleme mit Luftfeuchtigkeit und ausreichendem Niederschlag. Diese Alpengärten wurden zum Teil als Außenstellen von botanischen Gärten oder als botanische Attraktionen geführt, in denen Forschung, Sammlung und Repräsentation betrieben wurde. Eine der berühmtesten Anlagen ist der Alpengarten auf dem Schachen im Wettersteingebirge, der eine Außenstelle des Botanischen Gartens München ist.

Der Kiesgarten von Beth Chatto ist in der Gestaltung trockener Freiflächen nach wie vor richtungsweisend. Anders als in Staudenwiesen sind die Pflanzen jedoch in übersichtlichen Gruppen angeordnet und es gibt weniger Durchmischung.

Aufgrund der Verwendung kleinblütiger Stauden wie Dost und Eisenkraut sowie dem gezielten Einsatz silbrigblättriger Stauden entsteht ein warmer, mediterraner Eindruck. Dazu trägt auch die üppige Verwendung von Gräsern bei.

STEINGÄRTEN

Im Gegensatz zum Alpinum und dem Alpengarten beherbergen Steingärten, wie sie in England im 19. und vor allem 20. Jahrhundert populär wurden, zusätzlich Arten aus kontinental geprägten Steppenlagen, aus dem Mittelmeerraum und anderen, meist trockenen Regionen. Auch dieser Gartenstil hat sonnige Freiflächen zum Vorbild – allen gemeinsam ist die sehr kontrollierte, gesteuerte Gestaltung und die Verwendung kompakter und kleiner, in manchen Fällen sogar ausgesprochen winziger Pflanzen. Steingärten leben davon, auf minimaler Fläche eine enorme Vielfalt zu bieten. Dabei ist es wichtig, kleine Gewächse vor dem Überwachsen zu schützen. Dynamik und Aussaat wird, je nach Besatz einer solchen Anlage, toleriert, führt aber meist zu höherem Aufwand in der Pflege und wird daher nur begrenzt zugelassen.

Steingärten wecken zwar den Eindruck eines natürlichen Lebensraums, da die Geländemodellierung natürlichen Gebirgssituationen nachempfunden ist – sie sind aber äußerst pflegeintensive Gartenbereiche, da ihre kleinen Bewohner vor zu viel oder zu wenig Nässe, vor wüchsigen Unkräutern aus der Nachbarschaft und anderem Unbill geschützt werden wollen. Das ist vor allem deshalb notwendig, weil Gebirgspflanzen in der Regel kaum konkurrenzfähig sind – kein Wunder, denn wo sie natürlicherweise vorkommen, sind sie mit ihrer Anpassung meist eher allein und brauchen daher auch nicht besonders wüchsig zu sein. Steingärten sind daher in Privatgärten verhältnismäßig selten zu finden, in botanischen Gärten aber immer ein Highlight, das Sie sich unbedingt aus der Nähe anschauen sollten.

Für die Verwendung in Staudenwiesen sind die meisten alpinen Arten zu niedrig und würden leicht verdrängt werden. Bei der Anlage eines sonnigen Kiesbeets sieht es jedoch anders aus: Sobald die Konkurrenz mithilfe mageren Bodens gebremst ist, können auch robuste Alpenpflanzen bestens integriert werden.

GRAVEL GARDEN

Neuen Aufschwung erhielten die Pflanzen der offenen, sonnigen Freifläche durch die Entwicklungen rund um den „Gravel Garden". Geprägt wurde der Begriff vor allem von Beth Chatto, die auf dem ehemaligen Schotterparkplatz ihres Gartens Beete anlegte, die nicht nur mit Kies gemulcht wurden, sondern auch im Untergrund Kies aufwiesen und daher keine klassischen Beetbedingungen mitbrachten. Auch wenn sie den kargen Boden mit Kompost verbesserte, war es vor allem ihre sorgfältige, für den Standort passende Pflanzenauswahl, die ihre Kiesbeete mit zu den schönsten Gärten in England werden ließen. Sie verwendete Einjährige, Stauden und Halbsträucher aus allen Regionen der Erde mit einem trocken-heißen, mediterranen Klima.

Vorgärten mit Kiesschüttungen haben mit blühenden Kiesbeeten nichts gemeinsam. Es gibt so viele sinnvolle Alternativen, die für Natur und Auge mehr bieten als Steine, Beton und Schotter.

Das Flair des Gartens erinnert die Besucher daher eher an die Cote d'Azur als an eine englische Landschaft. Die zugrundeliegende Idee ihrer Pflanzung, nämlich die Erschaffung eines trockenheitsverträglichen Gartenteils, der ohne Gießen auskommt, ist vor allem in aktuellen Zeiten richtungsweisend. Leider greift der deutsche Begriff des Kiesgartens zu kurz, um diese Gestaltungsrichtung passend zu beschreiben: Darunter firmieren auch die ökologisch völlig wertlosen Schottervorgärten, deren botanischen Höhepunkt meist eine vertrocknete Buchskugel darstellt.

Trotz dieser begrifflichen Hürden sind Schotter- oder Trockengärten, die mit mageren Standorten und daran angepassten Pflanzen arbeiten, immer mehr im Vormarsch. Vor allem auf ausgesetzten Flächen im öffentlichen Grün, etwa auf Kreisverkehren oder Fahrbahnteilern, ist es eine enorme Erleichterung, auch ohne zusätzliche Bewässerung eine Fläche attraktiv gestalten zu können. Und auch in Privatgärten nehmen sowohl das ökologische Bewusstsein als auch das bewusste Entscheiden für schöne, aber nicht unbedingt bewässerungsintensive Bepflanzung zu. Da der Schritt vom sorgsam komponierten Kiesbeet hin zur dynamischeren, wilderen Staudenwiese nicht mehr weit ist, profitieren beide Richtungen voneinander. Vor allem die verwendeten Pflanzen überschneiden sich und die zunehmende Vielfalt in Gärtnereien bringt beiden Gestaltungsrichtungen Vorteile.

So soll ein Kiesgarten aussehen: üppige Bepflanzung mit trockenheitsverträglichen Stauden und Gehölzen, Feuer-Lilien, Orientalischem Mohn und winterharten Gladiolen (*Gladiolus communis*, im Hintergrund).

VOM BEET ZUR WIESE: EINE EHER JUNGE ERFOLGS-GESCHICHTE

Staudenwiesen, die auch als solche bezeichnet werden, fanden erst vor einigen Jahren Eingang in unsere Gärten. Dazu kommt, dass der Begriff in Zusammenhang mit verschiedenen Gestaltungsideen verwendet wird, die sich aber alle in einem ähneln: Sie haben eine möglichst natürliche, wie eine Wiese wirkende Gestaltung als Ziel. Pflanzengesellschaften in der Natur sind das gedankliche Vorbild, aber die reale Umsetzung im Garten erfolgt meist undogmatisch frei von streng botanischen Vorbildern. Die wesentlichsten Unterschiede zwischen den einzelnen Ausprägungen liegen zum einen in der Art der Anlage, da Staudenwiesen auch gesät werden können.

Wir stellen hier die gepflanzte Staudenwiese vor, die in den meisten Beispielen durch selbstaussäende Stauden erweitert wird. Das Grundgerüst und Startset erhält unsere Staudenwiese aber aus Jungpflanzen. Zudem unterscheidet sich die Herangehensweise: Im Angloamerikanischen sind die Vorbilder fast immer heimische Prärien, die mit den unterschiedlichsten Artenbesetzungen den ursprünglichen Bewuchs weiter Teile Nordamerikas bildeten. Im Zuge von Renaturierungen, bei der Erstellung von Naturschutzflächen, in privaten Gärten und nicht zuletzt in beneidenswert großzügigen öffentlichen Grünanlagen sind daher Staudenwiesen eine beliebte Art der Gestaltung. Es gibt viele wunderbare Beispiele für gelungene Anlagen, die sowohl die Vielfalt des Kontinents repräsentieren als auch nur mit unmittelbar heimischen Pflanzen arbeiten.

Vergleichbar mit dieser amerikanischen Art der Gestaltung ist am ehesten jene Version des hiesigen Naturgartens, der nur mit heimischen Pflanzen arbeitet. Da in Mitteleuropa aber vergleichsweise wenige Pflanzen im Hochsommer und Herbst blühen, haben sich im Staudenbeet der meisten Hausgärten mit Phlox, Astern, Sonnenbraut, Kerzen-Knöterich, Sonnenhut und Co. Arten aus Nordamerika und Asien einen festen Stammplatz erobert. Auch in der großflächigen Gartengestaltung nicht zuletzt im öffentlichen Grün oder auf Gartenschauen gelangen diese Pflanzen häufig zum Einsatz.

Jedoch trauen sich bisher nur wenige Gartenbesitzer, Staudenwiesen auch als Pflanzkonzept für Hausgärten oder kleinere, überschaubare Anlagen einzusetzen. In solchen Situationen scheint das klassische Beet oder eine Hybride zwischen formalen Gestaltungskriterien und üppigem Naturgarten die vorherrschende Herangehensweise zu sein. Nicht umsonst

Klassische Englische Border wie hier in Wisley ordnen Stauden in großen Gruppen an, die sich nicht unbedingt wiederholen müssen – außerdem ist die Pflanzung streng nach der Höhe gestaffelt und so konzipiert, dass ihr Eindruck jedes Jahr möglichst ähnlich ausfällt.

sind sogenannte Bauerngärten oder farblich abgestimmte „Cottage Gardens“ – oft in Pastellfarben gehalten – eine weit verbreitete Erscheinung in den Privatgärten der vergangenen Jahre. Sie zeichnen sich meist durch festgelegte, sorgfältig durchdachte Farbkombinationen und eine strenge Höhenstaffelung aus. Flächige Pflanzungen und dynamische und damit in ständiger Änderung befindliche Beete werden nur seltener ausprobiert.

WOODLAND GARDEN UND PERENNIAL MEADOWS

Am ehesten begegnet man ihnen im Schattenbereich, der im Englischen und Amerikanischen als „Woodland Garden“ beeindruckende Ausmaße annehmen kann. Wald- und Waldrandstauden können mit ihrer gefälligen Größe – nur wenige werden höher als 1,2 m – problemlos flächig angeordnet werden. Darüber hinaus verleiten gerade Frühjahrsblüher wie Geophyten dazu, sie in großer Zahl unter andere Stauden zu streuen, da sie vor dem Austrieb der Hauptakteure für Farbe sorgen und danach rasch wieder einziehen. Das intuitive Vergesellschaften von Winterlingen, Schneeglöckchen und Co. ist dabei schon der erste Schritt zu Staudenwiese – denn genau so funktioniert es auch mit höheren Stauden und solchen, die das ganze Jahr über sichtbar bleiben.

Für den Bekanntheitsgrad von Staudenwiesen sind einige zeitgenössische Gartenarchitekten verantwortlich, die den Begriff auch ganz genau so verwenden und „Perennial Meadows“ anlegen, die Ästhetik und Natürlichkeit vereinen. Als prägend gilt hier – vor allem für die Verbreitung des Begriffs und einer fundierten Erklärung seiner Bedeutung – Michael King, der zum Thema eine eigene Homepage betreibt und fünf E-Books veröffentlicht hat. Diese beschäftigen sich mit der Anlage eben dieser Perennial Meadows an unterschiedlichen Standorten. Er sieht die Anfänge dieser Bewegung sowohl bei William Robinson, der vor mehr als 100 Jahren in England die Verwendung von winterharten und damit dauerhaften Pflanzen propagierte als auch bei Karl Foerster. Letzterer wirkte mit seinen Bemühungen, auch bis dahin eher selten verwendete Pflanzenfamilien und Arten in Gärten zu integrieren, in einer Vielzahl anderer Gartenbegeisterter nach. Aber erst ab den 80er-Jahren kam es zu einer deutlich erkennbaren Entwicklung, die in Deutschland und vor allem in den Niederlanden zu dem führte, was wir heute als „Naturalistic Gardening“ kennen und das unter ganz verschiedenen Begriffen sowohl im deutschsprachigen Raum als auch in England und vor allem in den USA Fuß fassen konnte.

Wiesige Pflanzungen verzichten auf Höhenstaffelung, stattdessen wiederholen sich Pflanzen, dürfen sich aussäen und Beetteile somit verbinden. In diesem Beispiel ist es die Lichtnelke (*Silene dioica*), die eine Brücke zwischen den verschiedenen Gartenteilen im Hintergrund schlägt.

NEW PERENNIAL MOVEMENT

Mit Piet Oudolf, der sicher einer der bekanntesten Vertreter dieser Gestaltungrichtung ist, gelangte die Idee, züchterisch unveränderte Wildstauden gemeinsam mit prächtigen Auslesen und altbekannten Gartensorten zu verwenden, weltweit in die Privatgärten. In England ist Nigel Dunnett wesentlich verantwortlich für die Verbreitung naturalistischer Gartengestaltung, in den USA publiziert Thomas Rainer einiges zu diesem Thema. Die gegenwärtigen Strömungen werden häufig ganz allgemein und ohne auf die Herkunft der jeweiligen Gestalter einzugehen als „New Perennial Movement" bezeichnet. In Deutschland ist eine der bekanntesten Vertreterinnen die Gartenarchitektin Petra Pelz – und wer sich für naturalistische Gestaltung interessiert, sollte unbedingt den Sichtungsgarten Hermannshof in Weinheim besuchen, wo unter Cassian Schmidt verschiedene Pflanzengesellschaften etabliert und auf ihre Gartentauglichkeit hin untersucht werden.

Mit all diesen Vorbildern ist es auch in Hausgärten üblich geworden, Gräser in Pflanzungen zu integrieren und die Entwicklung geht unter der Integration aktueller Themen immer weiter. So ist es gang und gäbe, die Insektenfreundlichkeit bei der Wahl von Pflanzen zu berücksichtigen, sich mit der Dauerhaftigkeit von Stauden zu befassen und ihre Eignung für den vorhandenen Boden und mögliche sommerliche Dürrephasen in die Planung miteinzubeziehen. Ohne nun auf alle Gestaltungsrichtungen genau einzugehen, wird doch immer deutlicher, dass aktuelle Gartengestaltung – sei sie privat und mit kleinen Bereichen befasst oder öffentlich und im großen Ausmaß betrieben – sich deutlich mehr an den äußeren Gegebenheiten orientiert als an bloßen Geschmacksurteilen und Vorlieben der Auftraggeber.

Staudenwiesen sind nun eine Möglichkeit der Antwort auf all diese Anforderungen: Sie sind der Überbegriff für dynamische, möglichst an den Standort angepasste Pflanzungen, die über Jahre hinweg Freude machen – und dabei sowohl ökologischen Ansprüchen gerecht werden als auch dem Wunsch nach Ästhetik und dem offenbar allgegenwärtigem Sehnen nach Natürlichkeit Folge leisten.

Der Hermannshof in Weinheim, 25 Jahre unter der Leitung von Cassian Schmidt, gilt als der Inbegriff der Präriegärten in Europa. Wilde Präriewiesen oder sorgsam gestaltete Rabatten begeistern die Besucher zu jeder Jahreszeit.

Über 4000 m² sind die Staudenwiesen groß, die Piet Oudolf in Somerset um das Museum von Hauser & Wirth gepflanzt hat. Auf Piet Oudolf geht die naturalistische Staudenbewegung zurück, die schlagkräftig mit „New Dutch Wave“ bezeichnet wurde.

Aufrechte Blüten wie die von Geißraute (*Galega × hartlandii* 'Alba'), *Digitalis lanata* und auch Wimpergras stehen hier den kompakten, rundlichen Blütenständen von Baldrian, Phlox, Glockenblumen und Wiesenraute im Hintergrund gegenüber.

Es braucht starke Staudenpartner, um die Geißraute frei aussäen zu lassen. Hat man diese – hier *Campanula lactiflora*, Beifuß, Astern, *Teucrium* und die einjährige *Orlaya* – entstehen natürliche Wieseneindrücke wie von selbst.

NATURHAFTES ALS LEITMOTIV

Es wäre ein Missverständnis, Wiesen als Durcheinander zu betrachten. Vielmehr bilden sie eine eng abgestimmte Pflanzengesellschaft, die sich möglichst optimal ergänzt, damit alle Beteiligten ihr Auskommen finden. Gräser spielen darin eine wichtige Rolle.

NATUR IST NICHT GLEICH CHAOS!

Wer eine ohne gärtnerische Planung entstandene Wiese eingehend betrachtet, sich mit den vorkommenden Arten vertraut macht und die Pflanzgesellschaften unter die Lupe nimmt, wird zwar nicht unbedingt ein gleichmäßiges Muster vorfinden, zumindest aber eine erstaunliche Ausgewogenheit bemerken. Unordentlich oder als wildes Gewusel erscheinen Wiesen eher selten, vielmehr erscheinen sie wie Flickenteppiche, Mosaike oder harmonische Patchworkarbeiten. Ihr Charme besteht gerade darin, dass sie eben nicht Zentimeter für Zentimeter durchgeplant sind.

Je nach Standort sind für diesen Eindruck zahlreiche Gräser verantwortlich, die mit zarten Blütenständen und zurückhaltendem Laubwerk eine Basis bilden, von der die anderen Akteure sich abheben. Sie sind in einer natürlichen Wiese mit bis zu 80 Prozent der Pflanzen in der Mehrheit. Im Garten können diese Aufgabe auch kleinblütige Stauden übernehmen, indem sie im Beet eine gleichmäßige Grundstruktur bilden.

Die ausgeglichene Erscheinung einer Wiese hängt auch maßgeblich davon ab, wie viele Pflanzen vorkommen und wie oft sich die einzelnen Individuen in der Fläche wiederholen. Die Wiederholung von Pflanzen, Farben und Blütenformen ist ein bewährtes gestalterisches Mittel, um Harmonie und Verbindungen in einem oder mehreren Beeten zu schaffen. Wiesen, in denen Arten flächig verstreut in hunderten Einzelpflanzen vorkommen, enthalten somit das ultimative Harmonietool, wohingegen Form, Farbe und Struktur in der Wiese tendenziell ins Gegenteil, nämlich ins Ungeordnete, Überbordende und Bunte verweisen. Interessanterweise werden diese in der Theorie recht widersprüchlichen Eigenschaften in der Praxis, also mitten in der Wiese, als durchaus stimmig empfunden. Einen Großteil tragen dazu wohl die generell kleinteiligeren Strukturen bei, die neben feinem Laub, kleinen Blüten und welken Blütenständen wie ein feingliedriger Blumenstrauß wirken. Und was im Großen auf mehreren Hektar gut funktioniert, kann auch auf wenigen Quadratmetern kaum seine Wirkung verfehlen.

Wir möchten daher ausdrücklich dazu ermuntern, ansprechende Pflanzenkombinationen aus Wiesen auch im kleinen Stil und mit nur wenigen Pflanzen im Hausgarten auf die Wirkung im kleinen Rahmen hin abzuklopfen. Die Inspiration dazu finden Sie vielleicht schon ein paar Meter hinter dem Gartentor entfernt, entweder wirklich in einer Wiese oder aber auf der nächsten Industriebrache, auf dem Abstellgleis eines Bahnhofs, der die Grünraumpflege löblicherweise etwas schleifen lässt, oder auf dem eingesäten Kreisverkehr für Wildbienen und andere urbane Insekten. Etliche lohnenswerte Kombis haben so ihren Weg in meinen Garten gefunden, etwa das knallig-bunte Trio aus Natternkopf, Spornblume und Färberkamille, die wilde Kombi aus Hanfblättrigem Dost und Klebrigem Salbei oder auch das ansprechende Duo Flockenblume und Heilziest.

Neben Aussaat spielt im Schotterbeet der Autorin auch die Verbreitung über Ausläufer eine große Rolle. Das Ginsterblättrige Leinkraut, eine heimische Art, verhält sich moderat und darf daher durch die Pflanzung vagabundieren.

Vorsicht ist dagegen bei der Geißraute gegeben: Sie erdrückt kleinere Stauden, entwickelt sich rasch und wird ziemlich hoch. Auf nährstoffreichen Böden ist ein Rückschnitt angemessen, um ihre Vermehrung zu bremsen und eine Nachblüte zu fördern.

KEINE ANGST VOR DYNAMIK

Ein wesentliches Merkmal wiesenhafter Pflanzungen ist die permanente Veränderung. Das betrifft sowohl das Erscheinungsbild über die Jahreszeiten als auch die Zusammensetzung und Anzahl an einzelnen Pflanzen über die Jahre hinweg. Den größten Anteil an diesem andauernden Wandel haben kurzlebige Pflanzen, die sich bei passenden Standortbedingungen dennoch durch Aussaat über viele Jahre erhalten und so innerhalb einer Pflanzung an unterschiedlichen Stellen wieder auftauchen. Für das Anlegen von Staudenwiesen ergibt sich daraus eine grundlegend andere Herangehensweise als bei der Gestaltung von klassischen Staudenbeeten. Bei diesen wird eine vorher festgelegte Wirkung möglichst dauerhaft und der Idee entsprechend umgesetzt. Entwickelt sich ein solches Beet dann in eine andere ungewünschte Richtung, ist oft erheblicher Aufwand notwendig, um das beabsichtigte Ziel Saison für Saison wieder zu erreichen bzw. zu erhalten.

Bei Staudenwiesen gibt es kein exaktes gestalterisches Soll, das erfüllt werden muss: Statt fixe Kombinationspartner festzulegen und sie nach einem starren Schema im Beet anzuordnen, gehen Sie bei Staudenwiesen entspannter vor. Aus dem Baukasten der Natur und der Staudengärtnerei wählen Sie für den Standort passende Stauden, die Sie dann im Beet platzieren. Zum einen nach Ihren persönlichen ästhetischen Gesichtspunkten, aber eben auch flexibel und möglichst in natürlicher, wie von selbst angesiedelter Anordnung. Mit der Zeit werden sich alle diese „Mitspie-

Auf mageren Böden gehören *Papaver atlanticum*, *Dianthus carthusianorum* und *Campanula patula* zu den hübschesten selbstständigen Pflanzen, die man sich wünschen kann. Dieses Trio sorgt von Mai bis in den Hochsommer für Farbe.

Sich rasch entwickelnde Stauden können sowohl neue Pflanzungen ergänzen als auch dort zum Einsatz kommen, wo unerwünschter Bewuchs zurückgedrängt werden soll. Hier nehmen es Leinkraut, Mutterkraut und Nachtviole mit einem Gierschbestand auf.

ler“ immer mehr vermischen und vielleicht auch völlig neu zueinandergesellen.

Wer den Wieseneffekt erhöhen möchte, kann mit zusätzlichen Direktansaaten die Dynamik noch mehr in Schwung bringen. Dieses „Blackbox Gardening“ wird mit Annuellen und Zweijährigen in den meisten Gärten ohnehin praktiziert. So finden Akeleien, Schleifenblumen, Klatsch-Mohn und Ringelblumen immer wieder irgendwo ein Plätzchen, wo sie für ein Jahr prächtig gedeihen, um im Folgejahr dann unverhofft ganz anderswo aufzutauchen. Nach dem gleichen Prinzip kann auch innerhalb von Beeten und ganz bewusst gestaltet werden. Voraussetzung dafür sind auf der einen Seite geeignete Pflanzen, die mit dem vorliegenden Standort klarkommen, denn ansonsten würden sie „auswandern“ und nur mehr auf Flächen auftauchen, die ihren Ansprüchen gerecht werden – oder ganz verschwinden. Auf der anderen Seite müssen im Beet genug Freiräume zu finden sein, die ein Keimen und Heranwachsen überhaupt erst erlauben – bei zu starker Konkurrenz, dunklem Standort und wenig Feuchtigkeit wird die Dynamik nicht so recht ins Laufen kommen. Lockere Pflanzungen bieten aber auch eine Achillesferse für unerwünschte Pflanzen, die aus dem restlichen Garten, von Wiesen und Ruderalflächen im Umfeld einwandern können. Entscheidend ist dabei auch die Lage des Beets und ob Unkrautsamen im Boden schlummern, denen Sie besser nicht zu viele Chancen auf Keimung bieten.

OPFERSTAUDEN ALS HILFE

Als Kompromiss können auch für die noch junge Pflanzung Einjährige oder kurzlebige, nicht besonders konkurrenzstarke Stauden zwischen Großstauden gesetzt werden, wo sie temporär vorhandene Lücken zuverlässig füllen. Später aber verschwinden sie nach und nach oder sie „verziehen“ sich in andere Bereiche des Beets oder an die Ränder. Der Gartengestalter und Buchautor Torsten Matschiess hat hier den Begriff der „Opferstaude“ geprägt, die eben genau das tut, was ihr Name signalisiert: Sie wird als vorübergehender Lückenfüller der späteren Verdrängung preisgegeben, um größeren Stauden und damit dem Zweck des Beets in den ersten Jahren nach der Anlage zu dienen. Das klingt vielleicht dramatisch, passt aber gut in den Lebenszyklus solcher Pflanzen, die auch an prominenten 1-A-Logenplätzen nicht lange durchhalten. Nach rascher Entwicklung bauen sie nach und nach ab und verschwinden schließlich. Klassische Vertreter dieser Staudengruppe sind viele Storchschnäbel, aber auch

Frauenmantel, etliche niedrige Glockenblumen und vor allem zweijährige oder kurzlebige Stauden wie Akelei, Leinkraut, Jakobsleiter, Nachtviole, Lichtnelke, Malve oder Fingerhut.

Diese gewollte Dynamik gerät aber nur dann nicht aus der Balance, wenn auch genügend ausdauernde, robuste Stauden treu an ihren Plätzen bleiben. Ansonsten würden die kräftigsten Samenschleudern überhandnehmen und am Ende würde mehr oder minder eine Monokultur statt einer ausgewogenen, ansprechenden Wiese stehen. Auch aus diesem Grund sollte es selbstverständlich sein, dem Standort angepasste Stauden zu verwenden. Nur dann etablieren sie sich zuverlässig und robust, sodass ein verlässliches Team von ihnen auf jeden Fall übrigbleibt und die Wirkung der Staudenwiese trägt.

Eine solche Fixbesetzung besteht im Idealfall aus Leit- und Begleitstauden, die sich übers Jahr hinweg ergänzen und die in der Lage sind, auch einmal alleine für den Ton im Beet zu sorgen. Und genau hier beginnt die Planung, das Nachdenken und das Adaptieren von Pflanzlisten an den eigenen Standort: An dieser Stelle legen Sie den Grundstein für Ihr eigenes, individuelles und funktionierendes Beet. Wir wollen auf den folgenden Seiten Anreize bieten und bewährte Kombinationen vorstellen. Damit können Sie Pflanzpartner, die sich in Beeten erfolgreich behaupten konnten, als Fixstarter in ihre Staudenwiese aufnehmen. Was Sie dann aber noch dazugesellen, welche Dynamik sich in Ihrem Garten entwickelt und wodurch Ihr Beet einzigartig wird, das ist von Wiese zu Wiese unterschiedlich, aber immer das Erlebnis wert.

Wo es sonniger ist, sind weiße Vexiernelke, *Orlaya grandiflora*, Lein und Echtes Labkraut ein gutes Team, um rasch für Blüten zu sorgen und gleichzeitig den Anflug unerwünschter Beikräuter wirkungsvoll zu unterdrücken.

Hochsommerliches Wiesengewusel aus Phlox, Beifuß, Staudenknöterich, Wiesenknopf 'Pink Brushes' und *Althaea cannabina*, dem Hanfblättrigen Eibisch.

DAMIT STAUDEN-WIESEN FUNKTIONIEREN

Um eine Staudenwiese im Garten zu etablieren, ist das Wissen um den Standort und die Bedingungen rund ums Jahr wesentlich. Auch die eigenen Erwartungen sind wichtig: Was soll die Fläche leisten, wie viel Zeit und Aufwand möchten Sie investieren? Davon hängt ab, ob Sie auch ein paar Dinge ausprobieren und vielleicht nachbessern müssen – oder ob Sie auf eine kleinere Auswahl bewährter Pflanzen zurückgreifen. Sind diese Fragen geklärt, steht der Planung und Pflanzenauswahl nichts mehr im Weg.

WO PASST EINE STAUDENWIESE HIN?

Wiesen benötigen einen freien, möglichst offenen Standort, der viel Sonne abbekommt, rasch auftrocknet und nur über kurze Zeit beschattet wird. Die Bodenbeschaffenheit ist dabei weniger relevant – ihr kann mit der Pflanzenauswahl passend begegnet werden.

Ausgehend von der Wiese in der Natur bieten sich für eine Staudenwiese offene, sonnige Standorte an. Für diese Lebensräume gibt es eine enorme Fülle an infrage kommenden Pflanzen, sodass Sie selbst dann, wenn Sie den Boden berücksichtigen und sämtliche weitere Kriterien beachten, immer noch Schwierigkeiten haben werden, sich auf eine Auswahl zu beschränken. Wer dann noch mit Arten aus dem Halbschatten arbeiten möchte oder eine Fläche hat, die verschiedene Lichtsituationen vereint, kann aus einer erstaunlichen Vielfalt an Pflanzen schöpfen. Denn natürlich gibt es nicht nur Schatten oder Sonne, sondern auch fließende Übergänge – im Garten ebenso wie in der Natur. Zum Beispiel im Umfeld von Flüssen und Gewässern, wo einzelne Gehölze durchaus auch für Schatten sorgen, oder im Gebirge, wo sich aufgrund des Reliefs wechselnde Lichtsituationen ergeben. An solchen Standorten kann also genauso problemlos eine Staudenwiese gepflanzt werden. Trotz dieser Ausnahmen finden sich die meisten natürlich vorkommenden Wiesengesellschaften in freiem, oft windigem Terrain und sehr häufig haben sie sich deshalb entwickelt, weil dort entweder über die gesamte Vegetationsperiode hinweg oder in jahreszeitlichen Phasen Trockenheit herrscht. Für unsere Gärten und die Anlage von Staudenwiesen bilden diese Eckdaten ein grobes Anforderungsprofil, um die passenden Flächen für eine Staudenwiese auszuwählen.

Doch auch wenn es auf den ersten Blick so wirkt, wäre es ein Trugschluss, Staudenwiesen lediglich als Lösung für trockene Standorte anzusehen: zu groß sind die Unterschiede, zu vielfältig die Voraussetzungen, unter denen Wiesengesellschaften entstehen können. Unter dem gemeinsamen Dach der sonnigen Freifläche entwickelten sich Staudenwiesen in feuchten, nährstoffreichen Böden genauso wie auf mageren, durchlässigen Standorten und oftmals wechseln auch die Bedingungen während des Jahres, sodass die Pflanzen eine hohe Toleranz gegenüber Trockenheit zeigen, aber auch in mitteleuropäischen Regensommern problemlos durchhalten.

Es ist daher wie so oft sinnvoll, sich beim Planen nicht nur für das Aussehen und das Wuchsverhalten einer Pflanze zu interessieren: Fortgeschrittene Gärtner recherchieren auch die Herkunftsregion bzw. den Naturstandort der Stauden, um noch besser einschätzen zu können, ob sie zum angedachten Standort und zu den als Begleiter gedachten Stauden passen. Eine Hilfe ist, neben der Wuchshöhe auf den Zeitpunkt des Austriebs zu achten: Je später, desto besser kann mit Frühblühern kombiniert werden, gleichzeitig muss der Platz freigehalten werden. Die Tendenz, bei trockenen Sommern einzuziehen oder zu welken, sollte ebenso eingeplant werden wie die Fähigkeit, nach Rückschnitt noch einmal zu blühen. Solche „remontierende" Stauden kommen meist aus niederschlagsreicheren Gebieten, wo sie nach einer Mahd oder einem Zwischenfall mit hungrigen Pflanzenfressern genug Möglichkeiten vorfanden, noch einmal auszutreiben und neue Blüten zu bilden. Das trifft auf viele Storchschnäbel, Salbei-Arten und manche Glockenblumen zu und hat diesen Pflanzen

An manchen Standorten, wie hier dem Zingaro-Naturschutzgebiet im Nordwesten Siziliens, sind die Wiesen nur im Frühling üppig und artenreich. Im Sommer dagegen ist von den zahlreichen Orchideen keine Spur mehr zu sehen, über weite Teile dominiert das Riesen-Federgras.

einen fixen Platz in der klassischen Staudenrabatte eingebracht, wo sie durch mehrmalige Blüten im Jahr erfreuen. In einer Staudenwiese sind solche Eingriffe nicht unbedingt notwendig, sie bieten aber einen Mehrwert, der mit etwas Aufwand quasi „abgerufen" werden kann.

Staudenwiesen sind aber noch mehr: Neben den rein funktionalen Aspekten einer wachsenden, robusten Bepflanzung bieten sie eine enorme Fülle an ästhetischen Faktoren. Das liegt daran, dass kaum eine Bepflanzung so viele Berührungspunkte zwischen den einzelnen Akteuren ermöglicht und so komplexe und vielfältige, im Wandel der Jahreszeiten noch zusätzlich reizvolle Kontraste und Harmonien entstehen.

Genau diese Details machen Staudenwiesen auch aus und laden ein wahrzunehmen, genau hinzuschauen, zu genießen und auch zu staunen – denn es gibt jeden Tag etwas Neues zu entdecken.

Indianernesseln (*Monarda*) sind wahre Insekten-, insbesondere Schmetterlingsmagnete, auch einem Admiral-Falter gefällt es hier. Monarden sind nicht immer langlebige Stauden, aber es lohnt allemal, sie trotzdem zu kultivieren.

Wenn Sie Ihren ausgewählten Standort gut kennen, können Sie mit der Auswahl der Stauden beginnen. Denn nur angepasste Pflanzen können sich selbstständig vermehren und längerfristig halten, sodass eine ausgewogene, attraktive und vor allem langlebige Pflanzengesellschaft entstehen kann. Vermutlich wird es auf jedem Standort Pflanzen geben, die sich besonders gut entwickeln und andere, die nach einigen Saisonen ausbleiben – das ist normal und entspricht der erwartbaren Dynamik. Es wäre jedoch schade, wenn größere Teile der Pflanzung verschwinden und Sie nach ein paar Jahren anstatt einer prächtigen Wiese nur noch eine Monokultur aus wenigen Pflanzen vorfinden. So eine Entwicklung lässt sich zwar mit Pflege und Eingriffen aufhalten, wesentlich zeitsparender und für alle Beteiligten erfreulicher ist jedoch eine Artenauswahl, die sich gut ergänzt und unliebsamen Überraschungen nach Möglichkeiten vorbeugt.

Eine standortgerechte Pflanzenauswahl ist Voraussetzung für das Gelingen eines Beets. Das schließt jedoch nicht aus, hin und wieder auch einfach etwas auszuprobieren!

VORHANDENE STANDORTE ALS WIESEN GESTALTEN

Wie kommen Sie nun zu solch einer Staudenwiese? Wer den Stil naturalistischer Beete mag, kann auf jedem Untergrund und in jeder Gartenfläche auf diese Art gärtnern. Es braucht keine hektargroßen Flächen, um den Charakter einer Wiese einzufangen, da Gräser, kleinblütige Wildpflanzen und eine Wiederholung von Formen, Farben und Strukturen auch im kleinsten Rahmen möglich sind. Außerdem ist eine Staudenwiese keine Entweder-oder-Entscheidung: Jeder Garten kann mehrere Stile vereinen und formale Vorgärten und naturalistische Inselbeete sind keineswegs ein Widerspruch. Wenn Sie also der Idee einer Staudenwiese etwas abgewinnen können, kann auf jeder freien Beetfläche der erste Spatenstich zu so einem Projekt erfolgen. Entscheidend für den Erfolg ist jedoch, den Standort angemessen einzuschätzen.

EINE FRAGE DES LICHTS

Freie, sonnige Flächen sind die beste Voraussetzung für eine Staudenwiese. Unter solchen Bedingungen erhalten alle Pflanzen im Beet genug Licht, sie wachsen gerade nach oben und auch bei etwas dichterem Stand kommen alle Pflanzen gut klar. In der gärtnerischen Realität gibt es aber leider nicht nur freie, leere Flächen – und trotzdem muss deshalb niemand auf Staudenwiesen verzichten. Sonnig bedeutet, dass eine Stelle die meiste Zeit des Tages von der Sonne beschienen wird. Das führt am Morgen zu rascher Erwärmung und wirkt tagsüber austrocknend. Bei der Einschätzung, ob eine Fläche sonnig genug ist, dürfen jahreszeitliche Schwankungen jedoch nicht vergessen werden: Ragt ein winterlicher Gebäudeschatten in die Fläche, wird dort der Austrieb vieler Pflanzen später erfolgen, selbst wenn die Fläche im Sommer überaus sonnig gelegen ist – mitunter wird dort der Boden länger gefroren bleiben und damit den Austrieb um ein oder zwei Wochen verzögern. Das kann für Sommerstauden egal sein, wer Frühlingsblüher pflanzt, sollte diese Verspätung aber mitbedenken.

Auch die Tageszeit, in der Lichtveränderungen zu beobachten sind, hat unterschiedlich starke Auswirkungen: Am Morgen und am Abend ist eine

Wie in einer natürlichen Wiese sind hier in einer Mischpflanzung „Silbersommer" im Hermannshof Perlgras (*Melica altissima*) verwoben mit weinroten Witwenblumen (*Knautia macedonica*). Einige Samenstände von Brandkraut sind noch zu entdecken.

Beschattung weniger ausschlaggebend, weil die Sonne dann ohnehin geneigt und damit schwächer einstrahlt, mittags dagegen sollte die Fläche jedoch schon von der Sonne beschienen sein, um als „sonnige Freifläche" durchzugehen. Spätestens bei der Pflanzenauswahl muss die Lichtsituation ernstgenommen werden: Silbrig belaubte Stauden färben nur in der Sonne richtig aus. Manche Hitzeliebhaber werden bei zu wenig Sonne unschön lang und instabil. Und nicht zuletzt gäbe es für den Halbschatten so viele andere schöne Pflanzen, dass es schade wäre, die falschen zu verwenden.

Eine vom Autor gestaltete Staudenwiese mitten in Ludwigshafen. Die Pflanzen müssen hart im Nehmen und trockenheitsresistent sein. Die Staudenwiese benötigt sehr wenig Pflege durch eine dichte, standortgerechte Bepflanzung.

AUCH HALBSCHATTEN IST MÖGLICH

Den Stil einer Staudenwiese kann man im Übrigen problemlos auch im Halbschatten umsetzen. Jede Menge attraktiver Stauden wachsen im Randbereich von Gehölzen und können daher mit zeitweiliger Beschattung gut umgehen. Viele stammen aus lichten Auwäldern oder klimatischen Übergangsgebieten, wo sich zwar keine dichten Wälder etablieren können, wohl aber lichte Buschbestände die Sonneneinstrahlung abschwächen. Solche „Übergangsstandorte", die auch als Saum bezeichnet werden, können reizvolle Gartenbereiche werden, wenn Sie neben der eigenen Gestaltung gerade auch Dynamik zulassen. So können Sie sich langsam herantasten und auch einige schatten- und sonnenliebende Stauden in diese Säume einbeziehen. Mit einiger Erfahrung und der Lust

Gold-Pippau (*Crepis aurea*), Thymian und Alpen-Frauenmantel bilden im Gipfelbereich der Kalkalpen mit niedrigen Gräsern eine nur wenige Zentimeter hohe Magerwiese. Häufig wachsen in diesen Verbänden auch Teufelskralle, Alpen-Nelke, Hornklee und zahlreiche weitere Arten.

am Experimentieren, werden Sie sehen, welche Pflanzen sich dort längerfristig etablieren können.

In solchen Situationen wirken sich das lokale Kleinklima, das regionale Niederschlagsgeschehen und vor allem die Bodenbeschaffenheit stark aus und es ist keine Seltenheit, dass es hier zu Überraschungen kommt. So wurde das erste Schotterbeet der Autorin an den Rändern von Leberblümchen eingenommen und an anderer Stelle ergibt sich immer wieder die Notwendigkeit, die Maiglöckchen von der Sonne unter die Hecke zurückzudrängen, wo sie eigentlich ihren Platz einnehmen sollten.

Auch die Feuchtigkeitsversorgung spielt hier eine Rolle: Auf Böden, die Feuchtigkeit gut speichern, ertragen schattenliebende Pflanzen etwas mehr Sonne als in trockenen und dazu noch steinigen Böden oder auf Sand, wo sie innerhalb kürzester Zeit „verbrennen“ würden. Je eindeutiger ein Standort also einzuschätzen ist (schattig, sonnig, trocken, nass), desto genauer sollten Sie es mit der Pflanzenauswahl nehmen.

LIEBER MAGER …

Neben dem vorhandenen Licht ist die Beschaffenheit des Bodens und das Vorhandensein von Nährstoffen ein weiteres wichtiges Kriterium. Dabei bedeutet sonnig eben nicht automatisch eine geringe Nährstoffversorgung, obwohl natürlich viele sonnige, heiße Standorte gleichzeitig durchlässigen, mineralischen Boden und damit meist verbunden ein geringes Nährstoffangebot aufweisen. Gerade Hanglagen, die der Sonne zugewandt sind, trocknen schneller aus, weshalb sich Gehölze nicht im vollen Maße etablieren können. Daher gibt es auch weniger Laubstreu, wodurch sich schlussendlich auch kaum Humus aufbauen kann. So entstehen magere, durchlässige Böden mit geringer Nährstoffversorgung.

Der klassische Magerstandort in Mitteleuropa ist daher der schon beschriebene artenreiche Kalkmagerrasen: Er kann als traumhaft schönes Vorbild für artenreiche, insektendurchschwirrte Blumenwiesen dienen. Unser Glück für den Garten ist, dass zahlreiche Pflanzengemeinschaften in anderen Erdteilen existieren, die an ganz ähnliche Bedingungen angepasst sind. Daher können sowohl die Pflanzen des typischen Magerrasens mit jenen der pannonischen Flora als auch des Mittelmeerraums oder der nordamerikanischen Kurzgrasprärie an durchlässigen, warmen Standorten miteinander kombiniert werden. Wenn Sie sich also nicht auf die Nachbildung eines einzelnen, speziellen Standorts spezialisieren, vergrößert sich die Palette passender Pflanzen und es wird leichter, blütenreiche Staudenwiesen zu gestalten.

... ODER DOCH GANZ FETT?

Auch Überschwemmungswiesen entlang von Flüssen sind eine häufige Pflanzengemeinschaft der Staudenwiese, genauso wie Hochstaudenfluren, die entlang von Bächen und Senken in sämtlichen Gebirgsregionen der Nordhemisphäre artenreiche Gesellschaften gebildet haben. Ihre Vertreter mögen feuchte, im Frühling gerne auch nässere Böden, da sie an Überschwemmungen, Schneeschmelzwasser und Frühlingshochwässer angepasst sind. Gleichzeitig können sie sehr empfindlich auf Staunässe reagieren, da die Umgebung von Gewässern oft schottrige, locker geschichtete Untergründe aufweist, wo Wasser nach Überschwemmungen auch rasch wieder versickert.

Dazu kommt ein hoher Nährstoffbedarf – Hochwasser bringt immer auch Schlamm mit sich, der wie Dünger wirkt – und eine Vorliebe für hohe Luftfeuchtigkeit, die im Angesicht sommerlicherer Dürrephasen im Garten öfter für vertrocknete Triebe, welke Blüten und unglückliche Gartenbesitzer sorgt, denn selbst viel Gießen kann gegen trockene Luft und Temperaturen jenseits der 35 °C wenig ausrichten.

Analog zu den trockenen Standorten findet sich auch hier eine große Anzahl von Pflanzen mit erhöhter Toleranzgrenze, was die Bodenfeuchte betrifft: Sie weisen eine hohe sogenannte „Standortamplitude“ auf und kommen auch dann klar, wenn ihre Wünsche nicht zu 100 Prozent erfüllt werden. Das ist schon in der Natur eine hilfreiche Eigenschaft, denn so können neue Standorte erschlossen und der Bestand rasch vergrößert werden. Im Garten kommt uns diese Eigenschaft dann zugute, wenn wir Pflanzen brauchen, die wir an mehreren Stellen im Garten verwenden können, ohne uns den Kopf zerbrechen zu müssen, ob nun alle Anforderungen erfüllt werden.

Wenn Sie aufmerksam durch den Garten gehen, werden Sie aber sowieso bemerken, welche Pflanzen sich wohlfühlen. Es spricht nichts dagegen, nach Gefühl auch wieder umzupflanzen. Denn nur weil eine Staudenwiese pflegeleicht sein soll, heißt das ja nicht, dass Sie Pflanzen dabei zuschauen müssen, wie sie langsam vertrocknen oder doch mehr Licht haben möchten, als Sie ihnen zugestanden haben.

Nährstoffreichere Orte, wie unsere Gärten es häufig sind, eignen sich besser für hohe Staudenwiesen, die mit Wasserdost und Staudenknöterich auch richtigen Riesen Raum bieten. Dazu passen Phlox und Pfeifengras, Wiesenknopf und Chinaschilf.

DER BESTE PLATZ FÜR EINE STAUDENWIESE

Staudenwiesen haben einen luftigen und lockeren Charakter, der bedingt durch die verwendeten Gräser und Stauden mit feinen Blütenständen besonders dann gut zur Geltung kommt, wenn er sich vom Hintergrund abheben kann. Wenn die Möglichkeit besteht, eignet sich ein ruhiger Hintergrund besonders gut, da so die Kleinteiligkeit einer Pflanzung in allen Details zu erkennen ist. Schön sind auch Hanglagen, wodurch der Blick von oberhalb der Wiese in die Weite gelenkt wird, so wie generell „geborgte Landschaft", also das Integrieren von attraktiven Durchblicken aus dem Garten hinaus, was bei Staudenwiesen immer ein Gewinn ist.

Je nachdem, ob Sie lieber früh aufstehen oder lange aufbleiben, kann es reizvoll sein, mit morgendlichem oder abendlichem Streiflicht zu arbeiten. Falls Ihr Garten im Flachen liegt und Sie diesen Gestaltungsaspekt miteinbeziehen können, achten Sie darauf, dass zumindest eine Blickachse zum Beet hin freibleibt. So können Sie das Glitzern von sommerlichem Morgentau, die ersten Spinnweben im Herbst oder den Raureif im Winter bei bestem Licht betrachten. Natürlich profitiert davon jedes Staudenbeet, aber die vielen Details einer Wiese kommen im Streiflicht noch einmal stärker zu Geltung, was besonders dann interessant ist, wenn Sie Ihren Garten auch fotografieren möchten.

Ein wesentlicher Aspekt für die Wahl des Orts ist auch die Zugänglichkeit. Abseits von technischen Überlegungen, die jeder Beetanlage vorausgehen sollten (kann man mit dem Häcksler hin, ist die Hecke dahinter noch problemlos erreichbar, kann erforderliche Erde leicht hingefahren werden), lebt eine Staudenwiese von der Betrachtung aus der Nähe. Es wäre schade, wenn Sie nur von einer Seite und da nur mit Distanz, etwa durch eine Begrenzungshecke, an die Fläche herantreten könnten. Mehr als andere Beete laden Staudenwiesen dazu ein, sie wortwörtlich zu begreifen: Im Garten sollte also unbedingt ein Platz für sie gewählt werden, der ein Herangehen ermöglicht. Idealerweise führen Wege oder Pfade sogar mitten durch so eine Wiese hindurch und laden ein, mit den Händen über die Gräser zu streifen, an Blüten zu riechen und die Insekten zu beobachten, die sich in einer Staudenwiese rasch einfinden werden. Indem Sie eine Wiese aus der Nähe beobachten und die Blickwinkel auf die einzelnen Pflanzen immer wieder verändern können, erschließt sich Ihnen erst die Vielschichtigkeit dieser Pflanzengesellschaft. Es wäre schade, sich diese Möglichkeit räumlich zu verbauen.

Für das Funktionieren einer Staudenwiese ist die vorhandene Fläche jedoch weniger relevant. Auch schmale Beete entlang der Garage klappen als Wiese, genauso wie ein Vorgarten oder der Streifen zwischen Gartenzaun und Straße. Und nur weil etwas eine Wiese ist, muss es deshalb nicht unordentlich aussehen. Mit der Auswahl der passenden Pflanzen steuern Sie auch die Struktur, den Grad der Wildheit und den Eindruck, den Sie vermitteln möchten (dazu mehr im Kapitel Planen, S. 67).

An sonnigen Stellen ist die Lauch-Hybride 'Millenium' eine gute Wahl. Sie zieht nicht ein, wie viele Lauch-Arten, sondern ist sommergrün und blüht erst ab dem Hochsommer. Dazu wächst sie rasch und bildet dichte, reichblühende Tuffs.

Überhängende, üppige Gräser umspielen den Pflasterweg durch diese Staudenwiese. Beim ersten Sonnenstrahl fangen sie das Licht ein und lassen den Garten leuchten, insbesondere das hohe Riesen-Federgras (oben links) mit seinen grazilen Ähren.

FLÄCHEN ADAPTIEREN

Staudenwiesen können auf den unterschiedlichsten Böden gut gedeihen. Besonders groß ist die Artenvielfalt aber auf trockenen, durchlässigen Substraten, daher kann es hilfreich sein, vor der Pflanzung den Boden mit Sand abzumagern.

Bei dem Bau eines Gartens werden zukünftige Pflanzbeete nicht selten mit schwerem Gerät „malträtiert". Es empfiehlt sich dann, den Boden wieder tiefgründig zu lockern. Falls Pflanzsubstrat verwendet wird, sollte dieses erst in allerletzter Minute, sprich nach Abschluss aller Bauarbeiten, aufgebracht werden.

Auch wenn standortgerechtes Gärtnern nicht nur zeitgemäß, sondern auch durch und durch sinnvoll ist, so ergeben sich in der Gartenrealität immer wieder Situationen, in denen das Anlegen eines Beets erschwert ist. Das betrifft neben verwilderten Flächen, die nur unter größter Anstrengung von unerwünschtem Bewuchs befreit werden können, auch Böden, die für die gewünschte Pflanzung einfach nicht passen. Auch bauliche Maßnahmen können dafür verantwortlich sein, wie bei verdichteten Böden oder zu geringen Humusauflagen. Denkbar ist auch eine Bodenstruktur, die eine Bearbeitung ganz grundsätzlich erschwert, wie sehr sandiger Boden oder verdichteter, toniger Lehm.

Hier könnte der Wunsch aufkommen, etwas verändern zu wollen, damit die Pflanzung bessere Chancen hat. Gerade wenn man blütenreiche, an Magerwiesen erinnernde Bepflanzungen zum Ziel hat, ist eine großflächige Abmagerung zwar ein umfangreicher Eingriff, bringt aber rascher Erfolg als mehrjähriges Aushungern des Bodens, etwa durch häufige Mahd und Abtransport des Mähguts. Es muss nicht immer gleich der Bagger sein: Wenn Sie Splitt oder Sand aufbringen und unterarbeiten, können Sie schwere und nährstoffreiche Böden leichter bearbeiten und verbessern nebenbei die Wasserdurchlässigkeit. Damit verringern Sie die Gefahr von Staunässe und damit die Winterverluste bei trockenheitsliebenden Stauden.

Die Vorarbeiten für das Kiesbeet, das ab S. 92 vorgestellt wird, bestanden in der Entfernung der Grassoden und dem mehrfachen Fräsen der Mutterbodenschicht, sodass diese leichter mit dem später aufgebrachten Schotter vermischt werden konnte.

NEUANLAGEN

Bevor Sie leichtfertig umfangreiche Baumaßnahmen einleiten, ist es ratsam, die Qualität des Bodens genauer unter die Lupe zu nehmen. Neben Bodenanalysen und dem Heranziehen von Experten geht das am einfachsten, indem Sie ein Auge auf die natürliche Vegetation werfen: Wenn es dort ganz grundsätzlich grünt und blüht, kann das Problem nicht so schwerwiegend sein, dass Sie dafür keine Bepflanzung finden. Bedenklich ist es hingegen, wenn wenig oder gar nichts wächst oder nur ein, zwei Arten sich halten können. In solchen Fällen liegt ein Problem vor, das sich vermutlich auch bei der Bepflanzung unangenehm auswirken wird. Eines der häufigsten Probleme bei neu angelegten Flächen rund um Baustellen ist verdichteter Boden oder das komplette Fehlen einer Humusschicht. In solchen Fällen ist es angebracht, mehr Zeit und auch Geld in die Wiederherstellung des Bodens zu investieren, um später nicht einen noch viel höheren Aufwand betreiben zu müssen.

Falls es von der Erreichbarkeit einer Anlage her machbar ist, sollten Sie verdichtete Böden unbedingt und möglichst tief auflockern. Dazu können Sie den Boden entweder fräsen oder mit einem kleinen, leichten Bagger noch einmal aufnehmen und neu modellieren. Sollte der Boden lehmig und klebrig sein, ist bei diesem Arbeitsschritt das Einarbeiten von Sand oder Splitt noch einfacher möglich, als wenn Sie das im Nachhinein per Hand im Beet durchführen müssen.

Sobald der Unterboden gelockert ist, wird – mit möglichst leichtem Gerät oder noch besser per LKW-Kran, um Verdichtungen am Gelände zu vermeiden, – qualitativ hochwertiger Mutterboden aufgebracht. Naheliegend ist es, den Mutterboden (Oberboden) zu verwenden, der vorher auch auf diesem Grundstück vorhanden war. Bei Bauarbeiten wird aber nicht immer auf sorgsamen Umgang mit dem Mutterboden geachtet, weshalb er häufig mit Unterboden vermischt, stark verdichtet oder überhaupt abtransportiert wird. In diesem Fall ist es für das Gedeihen einer Staudenwiese einfacher, sich geeignete Erde anliefern zu lassen. In jedem Fall sollten Sie sich die bestellte Erde vorher genau anschauen, um unliebsame Überraschungen, wie Wurzelunkräuter in der Erde, zu vermeiden. Generell ist lockeres, sandiges Substrat für die Anlage einer Staudenwiese besser geeignet als nährstoffreicher, lehmiger oder gar toniger Boden.

Oft wird auch Material von ehemaligen Ackerflächen angeboten, der bei gewerblichen Bauprojekten in großer Menge anfällt: Hier ist Vorsicht vor zu viel Nährstoffeintrag geboten, der dann jahrelang für (zu) üppiges Wachstum und kippende Stauden sorgen könnte. Ist nur (zu) gute Erde verfügbar, kann das Mischen mit dem vorhandenen mageren Unterboden oder das Beimengen von Sand, bis zur Hälfte der Substratmenge, die Bearbeitung erleichtern und den Nährstoffüberschuss vermindern. Fehler oder nachlässiges „Lassen-wir-es-doch-einfach-So" rächt sich in dieser Phase der Anlage besonders. Gerade bei Neuanlagen wird hier oft wenig Sorgfalt betrieben, weil die Meinung vorherrscht, man könne Bodenprobleme doch später auch noch leicht beheben. In der Realität ist es aber doch so, dass man nicht unbedingt noch einmal den Bagger bestellt und sich dann mit ungünstigen Bodenstrukturen, Verdichtungen und suboptimalen Substraten jahrelang herumärgern muss.

VERBESSERN

Böden zu verbessern ist dort notwendig, wo aufgrund von Nährstoffmangel oder mineralischem – das heißt steindurchsetztem oder sandigem – Substrat den Pflanzen zu wenig „Futter" zur Verfügung steht, damit sie sich wie gewünscht entwickeln. Die Schwere eines solchen Problems variiert je nach Untergrund und daher sind ganz unterschiedliche Vorgehensweisen notwendig. Eine der einfachsten Methoden ist die Düngung. Sie findet auch bei Rasenflächen Anwendung, die nicht mehr ganz fit aussehen und weniger dicht wachsen, als es hübsch wirken würde.

Allerdings leiden die meisten Böden nicht unbedingt an Nährstoffmangel, sondern viel häufiger an nicht unbedingt offensichtlichen Schwierigkeiten mit der Wasserspeicherfähigkeit, der Luftdurchlässigkeit und generell der Struktur. Sandige Böden sind in vielen Fällen trocken, Nährstoffe werden rasch ausgewaschen und Pflanzen bleiben daher niedriger und wachsen langsamer. In solchen Fällen besteht die Wunderwaffe in der Einarbeitung von Kompost. Wenn vorhanden, können Sie den Vorgang unterstützen, indem Sie lehmhaltige Muttererde aufbringen und, für viele Gartenprobleme eine passende Lösung, Mulch verwenden. Gerade letzterer ist eine wichtige Ergänzungsmaßnahme, da Mulch (Rasenschnitt, Holzhäcksel, Laub, ...) von kleinen Bodenlebewesen und auch größeren, wie etwa Würmern, geliebt wird und ein aktives Bodenleben die Fruchtbarkeit jedes Substrats verbessert.

Eine Kombination aus Kompost, frischer Erde und Mulch ist daher immer ein geeignetes Mittel, um ältere Böden wieder „beet-fit" zu machen. Das empfiehlt sich bei der Neuanlage eines Staudenbeets genauso wie bei der Umgestaltung einer langjährigen Rasenfläche zur Staudenwiese und das Gute daran ist, dass selbst nährstoffreiche Böden von diesen Maßnahmen profitieren – Sie können also nichts falsch machen.

Auf abgemagerten Flächen empfiehlt sich ein abschließendes Mulchen mit lockerem Splitt, da dies dem Aufkommen von unerwünschten Sämlingen entgegenwirkt, Feuchtigkeit im Boden hält und nicht zuletzt die Bearbeitung erleichtert.

Beim Abmagern mit Schotter ist ein Durchmischen des Substrats sinnvoll, um auf der gesamten Fläche ähnliche Bedingungen zu schaffen. Ein Minibagger leistet dabei wertvolle Hilfe und ist mit etwas Übung auch selbst einfach zu bedienen.

Wollen Sie hingegen wirklich mageren Boden wie Sandboden oder rohen Unterboden mit Nährstoffen aufpeppen, so ist das ein umfangreicheres Unterfangen.

Wenn der gesamte Untergrund durchlässig ist, Sie also auf Sandboden gärtnern, ist Ausschwemmung ein großes Thema. Sie müssten also regelmäßig lehmhaltiges Material aufbringen, da mit jedem Regen wasserlösliche Lehmanteile in den Untergrund gespült werden. Das geht in regenreichen Regionen schneller, aber auch in trockenen Gebieten sollte dieser Prozess nicht unterschätzt werden. Längerfristig ist es deshalb besser, sich mit den Bedingungen, wenn schon nicht abzufinden, so zumindest zu arrangieren. Das bedeutet, sich vom Wunsch nach einer Feuchtwiese nach alpinem Vorbild zu verabschieden und seine Staudenwiese mit Pflanzen zu planen, die auch mit weniger nährstoffreichen Böden klarkommen. Mithilfe von lehmhaltigen Substraten, Kompost und Mulchen kann der Boden so aufgewertet werden, sodass Sie keineswegs nur Magerrasen-Arten halten müssen. Allerdings wird Jahr für Jahr Nachfüttern – und vermutlich regelmäßiges Wässern – notwendig sein, um die Pflanzen auch über die Jahre hinweg mit ausreichend Nährstoffen zu versorgen und am Wachsen zu halten.

ABMAGERN

In den meisten Gärten gilt es als Ziel, dass alles üppig und gesund wächst. Unter bestimmten Gegebenheiten kann das Wachstum allerdings auch zur Belastung werden: Etwa dann, wenn ein zu hoher Nährstoffgehalt hohe Pflanzen noch höher wachsen und dann umkippen lässt oder wenn alles zu rasch wächst und erprobte und anderswo funktionierende Pflanzkonzepte aus dem Ruder laufen, weil sich ein Bestandteil der Pflanzung zu sehr vermehrt. In der Natur wachsen an solchen Stellen meist nur wenige, spezialisierte Arten, der Rest wird verdrängt und verschwindet – genauso passiert es dann im Beet, wo gewünschte, aber weniger konkurrenzstarke Arten leicht überwachsen werden. Diese Schwierigkeiten können auch auftreten, wenn Sie in einem niederschlagsreichen Gebiet gärtnern oder Ihr Garten in einer Au oder im früheren Schwemmland eines Flusses liegt und dadurch sehr fruchtbaren Boden aufweist.

MIT GROSSER WIRKSAMKEIT …

Unter solchen Bedingungen zu gestalten, kann zur Herausforderung werden. Entweder Sie arrangieren sich mit der Situation, wählen passende Pflanzen und freuen sich über das üppige Wachstum – oder Sie entscheiden sich zu drastischeren Eingriffen und verändern den Boden. Die Maßnahme mit dem größten Einfluss auf eine Fläche ist dabei die Entfernung des Oberbodens. In diesem Fall müssen Sie mit schwerem Gerät (mit der Hand zur arbeiten, würde in sehr mühsamer, langwieriger Arbeit enden, ist aber natürlich genauso möglich) die obere Humusschicht des Bodens zusammen mit dem Bewuchs entfernen und den rohen Unterboden freilegen. Darauf bringen Sie eine Schicht mineralischen Materials auf, die möglichst Grob- und Feinanteile beinhalten sollte, konkret also Sand oder Splitt, am besten in Korngrößen von 0–16 mm oder auch 0–32 mm. Größere Steine bedeuten für die Pflanzen auch kein Problem, erschweren jedoch die spätere Bearbeitung und stören beim Pflanzen, wenn Sie mit vollem Elan auf einen Stein stechen oder beim Unkrautstechen ständig auf größere Kiesel stoßen.

Haben Sie den Oberboden sehr gründlich entfernt, sprich, ist kein Humus mehr übrig, kann es hilfreich sein, in die oberste Schicht etwas Kompost einzuarbeiten. Dabei sollten Sie in diesem konkreten Fall unbedingt darauf achten, von Unkrautsamen freien Kompost zu verwenden, da Sie sonst freie Bahn für alle Beikräuter der Region geschafften haben. Als Abschluss verharken Sie die obere Schicht und das Beet ist pflanzbereit. Je nach Untergrund haben Sie nun eine magere Ausgangsfläche geschaf-

Bei sonnigen Beeten mit mineralischem Untergrund ist eine abschließende Mulchdecke aus Splitt sinnvoll und passend. Sie sollte mehrere Zentimeter dick sein, um unerwünschten Aufwuchs zu verhindern, und gleich nach dem Pflanzen aufgebracht werden.

fen, die durchlässig ist und locker bleibt, was nicht nur die Bearbeitung, sondern auch das Einwurzeln der Stauden begünstigt. Entsprechend den veränderten Bedingungen sollten Sie nun die Pflanzenauswahl auf den mageren Standort abstimmen.

... ODER ETWAS WENIGER AUFWAND

Es hat sich bewährt – als eine Art abgemilderte Version dieser Vorgehensweise – nur den obersten Bewuchs mit anhaftender Erdschicht zu entfernen und einen Teil der Humusschicht am Standort zu belassen. Dies ist allerdings nur sinnvoll, wenn es sich nicht um zu tonhaltigen, lehmigen Humus handelt – andernfalls wird sich die Schicht Erde nie mit dem aufgebrachten mineralischen Substrat vermischen und Sie würden ewig auf Tonklumpen treffen. Noch größer ist das Problem bei wirklich festem Lehm: Es könnte sich so unter dem lockeren, neuen Substrat eine wasserundurchlässige Staunässeschicht bilden, in der die Wurzeln trockenheitsliebender Stauden einer Fäulnisgefahr ausgesetzt sind.

Ist die Erde jedoch gut krümelbar, können Sie harken, umgraben oder mechanisch fräsen. Danach folgt wie im ersten Beispiel eine mineralische Schotter- oder Sandschicht, die dann nach Belieben entweder untergemischt werden kann oder auch einfach als Schicht verbleibt, durch die die Pflanzen nach unten zum Humus wachsen. Bei dieser Methode fällt die Abmagerung natürlich nicht so extrem aus wie bei der ersten, was sich auf die Pflanzenauswahl auswirkt. Gerade bei nicht übermäßig nährstoffreichen Böden kann diese Methode hilfreich sein, um eine magere Wiese zu realisieren. Ein Beispiel dafür findet sich auf Seite 93, wo ein Boden auf diese Weise abgemagert und erfolgreich ein blütenreiches Schotterbeet angelegt wurde.

PFLANZEN IN SAND

Wenn es weniger um die Abmagerung, als vielmehr um die erleichterte Bearbeitung von Böden geht, stehen jedoch noch mehr Methoden zur Verfügung. Eine davon erscheint eher kurios, klappt aber recht zuverlässig, wenn sie gewissenhaft ausgeführt wird: die Pflanzung in aufgebrachten Sand. Dazu wird auf die gewünschte Fläche Sand aufgeschüttet, wobei die Dicke bei mindestens 20 cm liegen sollte, um die darunter liegenden Gräser und Pflanzen dauerhaft am Wachsen zu hindern. Entscheidend ist nun, die Ränder ebenfalls so dick zu bedecken, das betont auch Till Hofmann, der die Methode in der Zeitschrift Gartenpraxis beschrieben hat.

Am besten funktioniert das mit einer Brettereinfassung, die Sie später, sobald das Beet eingewachsen ist, wieder entfernen können – oder Sie lassen das Beet bis an eine Begrenzung wie etwa einen Weg heranreichen, sodass am Rand ohnehin kein Bewuchs mehr durchdringen kann. Ihre ausgewählten Stauden pflanzen Sie dann direkt in die Sandschicht. Da sie dort ideale Bedingungen vorfinden – feucht, kühl, aber nie staunass – wachsen sie relativ zügig nach unten. Ein plötzlicher Wachstumsschub zeigt, wann die Wurzeln die darunterliegenden Erdschichten erreicht haben. Im Garten der Autorin hat diese Methode hervorragend geklappt, mit dem tollen Nebeneffekt, dass sich anfliegende Unkräuter viel leichter jäten ließen. Bedenken, dass die verschütteten Rasenschichten mit ihrer Verrottung die Staudenwurzeln beeinträchtigen könnten, waren unbegründet. Das liegt wohl auch daran, dass es im Sand zu keiner Fäulnis kommt wie beispielsweise bei zu tief vergrabenen Rasensoden in dichtem Lehmboden, wo nach Monaten noch stinkende Grasbüschel zu finden sind. So aber verschwindet die Bewuchsschicht vielmehr ohne Nebeneffekte und fungiert für die neuen Stauden als Dünger.

Einzig und allein den vorübergehend erhöhten Wasserbedarf, bis die Stauden tiefere Schichten erschlossen haben, sollten Sie bedenken. Das kann bei einer Pflanzung mit anschließenden hohen Temperaturen einen höheren Zeitaufwand bedeuten. Dieser wäre aber bei einer klassischen Pflanzung in die Erde nur unwesentlich geringer und die erleichterte spätere Pflege macht die zeitliche Investition schon in der ersten Saison wett.

SPLITT ALS ABSCHLUSS

In allen vorgestellten Beispielen ist es sinnvoll, am Ende der Pflanztätigkeit mit grobem Splitt oder Schotter zu mulchen, um einerseits einen ansprechenden Abschluss zu haben, andererseits aber die Verdunstung noch weiter zu verringern und den Boden betretbar zu halten.

Reiner Sand braucht ziemlich lange, um sich ausreichend zu setzen, sodass Sie nicht einsinken würden. Eine Mulchschicht mit grobem, kantigem Splitt erleichtert diesen Vorgang. So können Sie die Flächen relativ bald betreten, was spätere Pflanzarbeiten, wie das Setzen von Blumenzwiebeln, erheblich erleichtert.

In der Staudengärtnerei von Till Hofmann und Fine Molz experimentieren die beiden mit Sandbeeten. Der Sand wird etwa 20–25 cm auf den vorhandenen Boden aufgetragen und dann bepflanzt. Wie man sieht, funktioniert dieses Prinzip bestens und nur in längeren Hitzeperioden muss gewässert werden.

SCHWIERIGKEITEN VORBEUGEN

Staudenwiesen sind grundsätzlich pflegeleicht, da sie sich einerseits aus langlebigen, verlässlichen Stauden und andererseits aus selbstständigen Pflanzen zusammensetzen, die sich durch Selbstaussaat auf eigene Faust verbreiten. Die Auswahl der Erstbepflanzung ist deshalb maßgeblich für den später notwendigen Pflegeaufwand. Indem Sie auf raschwüchsige Pflanzen verzichten und stark aussäende Pflanzen sparsam einsetzen, können Sie Eingriffe minimieren. Mit wüchsigen Pflanzenbesatz haben Sie zwar rascher Erfolge in der Hand, müssen aber unter Umständen früher lenkend eingreifen, um das Gleichgewicht im Beet zu bewahren. Beide Vorgehensweisen haben ihre Vorteile, für den langjährigen Fortbestand eines Beets ist es jedoch hilfreich, sich keine wuchernden Stauden als Zusatzarbeit aufzuhalsen.

Darüber hinaus gibt es ein paar Überlegungen, die Sie vorab anstellen können, um die Pflege noch weiter zu erleichtern. Die erste Grundvoraussetzung sind opltimale Bodenbedingungen. Neben den bereits erwähnten Adaptierungsmöglichkeiten ist es von besonderer Bedeutung, keine unnötigen Störfaktoren mit im Beet zu haben. Das bedeutet, bei Neuanlagen etwaige Wurzelunkräuter vorab akribisch zu entsorgen, um ein Durchwachsen der neuen Pflanzung gar nicht erst in Kauf zu nehmen. Bei Rasen oder Wiesen ist das Problem meist gering, da die dort vorkommenden Arten eine Überdeckung mit Humus oder Untermischung in der Regel nicht überleben und auch dann, wenn ein paar Wurzeln übriggeblieben sind, einfach verschwinden.

Problematischer ist es, wenn Sie ein vorhandenes Beet auflösen, in dem vorher robuste bis wuchernde Stauden ihr Unwesen getrieben haben oder Sie die Pflanzung gar deshalb auflösen, weil Unkraut sie unterwandert hat. In solchen Fällen ist es ratsam, den Boden mehrfach durchzusieben, um wirklich alle Wurzelstücke zu entfernen, da bei Zaunwinden, Giersch, Quecke und Co. winzigste Teilchen ausreichen, um die neue Pflanzung dauerhaft zu verdrängen. Ebenso notwendig – und leider eine der schwersten Übungen – ist es, Pflanzen aus solchen Beeten nicht für neue Pflanzungen zu verwenden. Denn selbst bei gewissenhaftesten Zerlegungsversuchen bleiben ein paar winzige Gierschwurzeln zurück und nach ein, zwei Jahren startet das Problem von Neuem. Bevor Sie Pflanzen entsorgen, können Sie sie an Grundstücksgrenzen oder Flächen, wo eine Verunkrautung nicht so problematisch ist, auspflanzen. Dort können Sie dann auch noch Stecklinge nehmen oder später übersichtlich kleine Ableger machen, um außergewöhnliche Sorten zu erhalten. Handelt es sich allerdings um stark verunkrauteten Boden, ist es am besten, die Pflanzen und den Boden zu entfernen und neue Erde aufzutragen.

SOIL SOLARIZATION

Eine elegante Möglichkeit, die allerdings Zeit erfordert, ist das Abdecken mit wasserdichtem, lichtundurchlässigem Material. Dieser Vorgang der Soil Solarization funktioniert mit jeder Art von Folie, wobei es aus ökologischen Gründen empfehlenswert ist, UV-beständige Folie zu verwenden, die danach auch noch andere Zwecke erfüllen kann. Gut eignet sich daher ein größeres Stück Teichfolie, das sich bei warmem Wetter gut einrollen lässt – im Winter sollte es schon dort liegen, wo man es haben möchte, denn durch Kälte wird es unpraktisch steif. Achten Sie bei der Größe unbedingt darauf, dass Sie diese Folie noch bewegen können, sie wird aufgrund des Gewichts rasch unhandlich. Am schnellsten geht die Solarization im Sommer: Liegt alles bereit, mähen Sie den Bewuchs ganz kurz ab, wässern den Boden durchdringend (nasser Boden erwärmt sich rascher) und legen dann die Folie auf. Je nach Bewuchs ist nach vier bis acht Wochen alles verdorrt; bei Wurzelunkräutern robusteren Kalibers kann es sinnvoll sein, lieber etwas länger zu warten. Über den Winter klappt es genauso, allerdings langsamer, und es besteht die Gefahr, mit einer solchen Folie den Mäusen ein behagliches Heim zu bieten (gelegentliches Anheben der Folie hilft, damit es den kleinen Nagern nicht zu gemütlich wird). Der Vorteil dieser Methode ist der, dass keine Grasnarbe abgenommen werden muss und somit der gesamte Mutterboden auf der Fläche verbleibt. Darüber hinaus werden zumindest die empfindlicheren Unkrautsamen, die auf der Fläche eventuell auf Keimung warten, durch die Hitze zerstört. Allerdings dringt die Erwärmung nicht sehr weit in den Boden ein, weshalb die Methode auf Grasflächen, die zu einem Beet werden sollen, sehr gut klappt, bei verunkrauteten Beeten aber weitaus länger angewendet werden muss (mindestens das Sommerhalbjahr, besser sogar ein ganzes Jahr). In letzterem Fall ist es vor allem die Trockenheit, die dann die Unkräuter erledigt.

Beim Auflegen vor dem Einpflanzen darf durchaus noch am eigentlichen Plan gefeilt werden. Häufig entsteht erst in dieser Phase die endgültige Anordnung der Stauden.

STAUDENWIESEN REALISIEREN

Nachdem die Rahmenbedingungen geklärt sind, geht es an die Umsetzung – und endlich um die Hauptakteure, die Pflanzen. Hilfreich ist, sich klarzuwerden, wie die Wiese wirken soll: Dafür können Fotos von gelungenen Pflanzungen eine große Hilfe sein und eine lange Liste an Pflanzen, die gefallen oder aus anderen Gründen eingeplant werden sollen. Danach gilt es, sie auf ihre Eignung zu überprüfen. Und nicht vergessen: Auch in der Staudenwiese gilt das Weniger-ist-mehr-Prinzip. Selbst wenn es schwerfällt.

ÜBERLEGUNGEN, BEVOR ES LOSGEHT

Neben den Blütenfarben einer Pflanze ist auch ihr Eindruck aus der Entfernung ein wichtiger Aspekt. Hier treffen mit dem Wasserdost rundliche Formen auf die aufrechten Blütenstände von Eibisch und Rutenhirse, im Hintergrund ragt die Fallschirm-Rudbeckie hervor.

Je nachdem, welche Pflanzen Sie wählen, wird das Beet in seiner ersten Saison schon üppig blühen oder noch etwas Anlauf brauchen. Empfehlenswert ist eine Mischung aus sich rasch entwickelnden Stauden und langlebigen, langsamwüchsigeren Arten.

Neben der Bodenbeschaffenheit und der Lichtsituation, der Feuchtigkeitsversorgung und anderen äußeren Einflüssen ist für die Planung einer Staudenwiese vor allem entscheidend, was Sie von dieser Fläche erwarten und welche Anforderungen Sie an die zukünftige Pflanzung stellen. Sich darüber klarzuwerden, wie dieses Beet sich entwickeln soll, wie viel Zeit und Kosten Sie in eine Anlage investieren können und welche Wirkung in welcher Zeitspanne sie erhoffen, sind wichtige Fragen, die Sie vorab klären sollten. So werden Sie für ein Beet, das innerhalb einer Saison möglichst von 0 auf 100 durchstarten soll, eine andere Pflanzenpalette wählen als für eine Fläche, der Sie zwei, drei Jahre Entwicklungszeit zugestehen. Hier bietet sich eine Mischung aus Stauden, Zweijährigen und Einjährigen an, die sich innerhalb weniger Monate voll entfalten und blühen und so schnell für Erfolge sorgen. Andere Pflanzen, insbesondere einige Stauden, weisen mitunter eine längere Entwicklungsphase von zwei bis drei Jahren auf, dafür sind sie dann verlässlich und tragen das Beet über Jahre hinweg.

Klatsch-Mohn entwickelt sich rasch und kann in den Anfangsjahren einer Pflanzung einen wertvollen Beitrag zur Frühsommerblüte leisten. Dazu lieben ihn die Bienen. Später wird er nur mehr sporadisch erscheinen.

WARUM EIGENTLICH PFLANZEN?

Obwohl es sich erst langsam durchsetzt, gibt es in mehreren Strömungen der Gartengestaltung die mittlerweile erprobte Praxis, Beete nicht durch Anpflanzen, sondern durch Aussaat anzulegen. Gerade beim Thema Wiesen kommt diese Methode schon länger zum Einsatz, allerdings eher im Bereich des Naturgartens, bei der Aufwertung von bisher intensiv genutzten Flächen und vor allem im öffentlichen Grün. Die Anlage einer Wiese mithilfe von Saatgut ist eine ausgezeichnete Möglichkeit, wertvolle Biotope zu schaffen – immer vorausgesetzt, Sie verwenden auf den Standort abgestimmtes Saatgut, das vorwiegend einheimische und mehrjährige Pflanzen enthält. Solches Saatgut wird im Idealfall individuell für den jeweiligen Einsatz abgestimmt und von speziellen Anbietern zusammengestellt.

Saatgutmischungen, die als „Bienenweide" vermarktet werden und allerorts erhältlich sind, gehören häufig leider nicht zu diesen hochwertigen Mischungen: Sie enthalten einen großen Anteil einjähriger Pflanzen, die im ersten Jahr für viele Blüten sorgen, aber nicht auf jedem Boden im Folgejahr wiederkommen. Oft übernehmen dann wenige Arten die Fläche, weshalb eine jährliche Neuanlage zu besseren Ergebnissen führen kann. Manchmal werden auch viele nicht heimische Arten untergemischt, deren ökologischer Nutzen wieder auf einem anderen Blatt steht.

SCHNELLER START MIT PFLANZEN

Die Gestaltung von Staudenwiesen, wie wir sie in diesem Buch vorstellen, geht anders an eine freie Fläche heran. Da wir mit den verwendeten Pflanzen aktiv arbeiten, sie zumindest zum Teil bewusst anordnen möchten und, neben großen auch ganz kleine Flächen bepflanzen, ist für uns die Aussaat immer nur eine Ergänzung, kann aber die Pflanzung nie ganz ersetzen. Aussaaten sind im Gegensatz zur Bepflanzung schwieriger zu lenken und der längerfristige Erfolg ist weniger sicher zu garantieren als mit Topfware, die bei standortangepasster Auswahl bis auf wenige Ausnahmen wachsen und gedeihen wird. Aussaaten sind schon am Beginn stärker der Witterung ausgesetzt, sie brauchen gleichmäßige Feuchtigkeit und ein einwandfrei vorbereitetes, von allfälligen Samen oder Wurzelunkräutern völlig freies Beet. Wenn Sie hier mit zu wenig Sorgfalt vorgehen, müssen Sie später intensiv jäten – eine Arbeit, die zwischen den als eindeutig gewollt erkennbaren Topfpflanzen deutlich leichter erledigt werden kann als in einem Meer aus kleinen Staudensämlingen, die Sie zum Teil erst nach einer Weile eindeutig identifizieren, als erwünscht erkennen und damit verschonen können.

In der ersten Saison einer Pflanzung sind noch gelegentliche Eingriffe notwendig. Mulchen hilft, das Aufkommen von unerwünschten Pflanzen zu verringern. Später werden die Stauden so dicht wachsen, dass der Kies unsichtbar werden wird.

Wie zuverlässig sich Aussaaten entwickeln, hängt von verschiedenen Faktoren ab. Bei idealen Bedingungen und vor allem auf großen Flächen kann diese Methode eine günstigere und einfachere Methode sein als die Bepflanzung mit getopften Stauden. Aussaaten sind in den ersten Jahren generell stärker von der Witterung abhängig und können bei Trockenheit länger brauchen, um dauerhaft etabliert zu sein. Die in diesem Buch vorgestellten Beete und Gärten wurden vorrangig durch Bepflanzung angelegt. Da aber Dynamik eine bedeutende Rolle spielt, ist die Selbstaussaat von Stauden natürlich ein wichtiges Thema – und für die erste Saison kann die Zwischensaat einjähriger oder zweijähriger Pflanzen eine hilfreiche Methode sein, um die Entwicklungsphase langsamer Stauden mit Blüten zu überbrücken – Stichwort „Opferpflanzen“. Später werden diese Pflanzen nur mehr wenige Lücken finden und nach und nach aus dem Beet verschwinden, worauf dann andere Pflanzen übernehmen können.

PLANEN

Gute Planung ersetzt späteren Ärger – das mag logisch klingen, ist aber bei Pflanzen ganz besonders gültig. Recherchieren Sie lieber einmal mehr, ob die gewünschte Pflanze den Anforderungen gerecht wird, das spart viel Zeit für die Zukunft.

Einer der schönsten und zugleich wichtigsten Schritte auf dem Weg zum Staudenbeet ist die ausgiebige Planung. Sie beinhaltet das Sammeln und Verwerfen von Ideen, das Sich-leiten-Lassen von Naturvorbildern, das Abwägen vieler Möglichkeiten, Erstellen von Listen, Durchblättern von Gartenbüchern, Internetseiten und Staudenkatalogen. Das ist bei einer Staudenwiese nicht anders: Ausgehend vom Standort öffnet sich ein breites Feld an Stauden, die gemeinsam in einer Wiese gepflanzt werden könnten. Wovon soll nun die Entscheidung abhängen, welche Pflanzen zusammenpassen, sich ergänzen und gemeinsam ein gutes Bild abgeben?

VERSCHIEDENE STAUDENTYPEN UND IHRE ROLLE IN DER STAUDENWIESE

Artenreiche Blumenwiesen am Naturstandort wirken nur auf den ersten Blick wie willkürliche, lose Zusammenstellungen von Pflanzen: Schauen Sie genauer hin, erkennen Sie verschiedene Wuchstypen. Auch die Blütenformen unterscheiden sich und selbst die Anordnung ist nicht völlig gleichmäßig über die Fläche verteilt, sondern erfolgt meist in Gruppen oder zusammenhängenden, an den Rändern sich ausdünnenden und an manchen Stellen recht komprimierten Drifts. Das liegt meist an den Bedingungen, die auf einer Fläche nie durchgehend gleich sein können und damit auch auf kleinem Raum die Artenvielfalt enorm erhöhen. Stellen Sie sich eine Wiese vor, die an einem Südhang liegt, sie ist von Bäumen umstanden und leicht gewellt. Manche Stellen sind aufgrund der Lage zur Sonne feuchter als andere, eine Ecke bekommt früher Sonne, eine am späten Nachmittag bereits wieder Schatten, vielleicht ist eine Ecke steiler und daher trockener, womöglich wird es dort im Frühling schneller warm.

Möglich ist auch, dass in einem Bereich sehr tiefgründiger Boden die Mäuse anlockt oder Maikäferlarven die Grasnarbe beeinträchtigen, sodass es dort mehr offenen Boden gibt, den bestimmte Pflanzen zum Keimen brauchen. Womöglich ist der offene Boden sogar auf pflanzliche Mitspieler zurückzuführen: Denkbar ist, dass sich ausgehend von einer Wiesenseite Klappertopf ausgebreitet hat, der als Halbparasit Gräser und andere Pflanzen schwächt. So sorgt er an diesen Stellen für mehr Licht und damit Wärme, was wiederum ganz andere Pflanzen gedeihen lässt wie ein paar Meter weiter, wo bei Hochwasser manchmal der Bach über die Wiese läuft und der Boden daher generell lehm- und nährstoffhaltiger ist. Dort wächst es üppig, das Gras steht schon hüfthoch. Erkennen Sie die verschiedenen Bereiche? Jeder von ihnen bietet anderen Pflanzen gute Bedingungen. Das geht so weit, dass sogar ein und dieselbe Pflanze an einer Stelle üppig und blütenreich, nur wenige Meter entfernt dagegen klein und verhungert aussehen kann.

DER EINFLUSS DES STANDORTS

Wir kennen diese Phänomene natürlich auch im Garten und versuchen meist mit Düngen, Umpflanzen und Gießen diese Unterschiede auszugleichen und an allen Stellen optimales und gleichmäßiges Wachstum zu fördern. Für die Anlage einer Staudenwiese ist diese dem Garten zugrundeliegende, für uns aber meist nur teilweise sichtbare Struktur jedoch wesentlich. Indem wir Pflanzen zwar nach unseren Wünschen anordnen, Aussaat, Verlagerungen und unterschiedliche Entwicklungen jedoch einkalkulieren, kann im Idealfall eine dynamische Pflanzengesellschaft entstehen, in der sich nach einiger Zeit – das kann auch mehrere Jahre dauern – ein Gleichgewicht einpendelt. Dieses findet sich ein, sobald alle Pflanzen den für sie passenden Standort gefunden haben und sich dort auch dauerhaft halten. Über längere Zeit ändern sich jedoch auch die äußeren Bedingungen – trockene und feuchte Jahre beeinflussen eine Pflanzung genauso wie höher wachsende oder nach einem Rückschnitt plötzlich fehlende Gehölze.

Je nach den Bedingungen und auch nach der Art können Pflanzen „ihre" Stellen dann über Jahrzehnte besiedeln, während andere Gewächse immer nur an neu entstehenden, sich im Umbruch befindlichen Stellen besonders gut wachsen. Sie kennen einige davon sicher: Es sind genau jene Pflanzen, die Sie gerne mitten im Beet hätten, die aber immer nur an der Rasenkante keimen, wo Sie sie dann entweder wieder umsiedeln, entnervt jäten oder mit dem Rasenmäher kunstvoll umkurven. Dadurch verlieren Beetkanten ihre Schärfe und Beete werden immer ein kleines bisschen größer – außer natürlich, Sie jäten konsequent und laufen Gefahr, diese sympathischen Vagabunden aus dem Garten zu verdrängen. In einer natürlichen Wiese würde ein Maulwurfshügel eine ähnliche Störung bedeuten oder wenn ein Dachs nach Würmern gräbt. Auf diese Weise bleiben selbst in dichten Wiesen immer ein paar dieser Pflanzen aktiv und können dann, wenn es Veränderungen gibt, rasch größere Areale besiedeln.

STRATEGIETYPEN

Geht man wissenschaftlich an die zuvor beschriebenen Beobachtungen heran und teilt Pflanzen nach ihrem Verhalten ein, landet man bei den sogenannten „Strategietypen". Dieses Modell beschreibt die Reaktion und das Verhalten von Pflanzen auf Standortfaktoren und auf die Wechselwirkung mit anderen Pflanzen. Grime (1979) hat drei grundsätzliche Reaktionen oder „Strategien" gefunden, wie Pflanzen an Standorten überleben, die von verschiedenen Kombinationen und Intensitäten von Stress oder Störungen beeinflusst werden.

Diesen Funktionstypen entsprechende Pflanzen werden als Konkurrenz-, Stress- und Ruderalstrategen bezeichnet. Die letzte Gruppe sind störungstolerante Pflanzen, die mit offenem Boden, Brachland und frisch umgegrabenen oder anderweitig gestörten Flächen prima klarkommen, die Ruderalstrategen. Hier wären unsere Rasenkantenanarchisten einzuordnen – sie kommen in dichten Beeten nicht klar, weichen daher an die Ränder aus oder tauchen dort auf, wo der Boden durch Jäten oder Umpflanzen offen ist. Dann gibt es die Gruppe der Konkurrenzstrategen, denen es mit Wuchskraft, dichtem Wurzelwerk und einer optimalen Verwertung von Licht, Wasser und Nährstoffen gelingt, weniger konkurrenzstarke Pflanzen zu überflügeln und sich dauerhaft zu behaupten. Abgesehen von manchmal zu vitalem Wuchs können diese Stauden über Jahre in Beeten bleiben. Und zuletzt finden sich noch die stresstoleranten Pflanzen, die sich an ganz spezielle, widrige Standorte angepasst haben und so dem Konkurrenzdruck entgehen: Das können besonders trockene oder lichtarme oder auch besonders magere Standorte sein. Viele Pflanzen, die mit diesen erschwerten Bedingungen klarkommen, reagieren auf diese Stressfaktoren mit frühzeitigem Austrieb, sommerlichem Einziehen oder interessantem Bestäuberzusammenspiel. Weil die Wachstumsbedingungen aber fordernd und begrenzt sind, entwickeln sich die Stresstoleranten langsamer. Hier finden sich auch Stauden, die man im ersten Jahr gern einmal übersieht oder sogar verliert, während sie später, wenn sie es geschafft haben, zu robusten, durch keinerlei Witterungskapriolen zu bremsenden Staudengrößen werden können.

Was hat das nun mit unserer Wiese zu tun? Je nachdem, welche Strategie eine Pflanze verfolgt, kann sie im Konzept einer Staudenwiese andere Aufgaben übernehmen. Zum Glück sind viele Pflanzen Mischtypen und erlauben ein breiteres Einsatzgebiet, als ihre Einteilung vermuten ließe. Trotzdem ist es sinnvoll, dieses Modell einmal durchdacht zu haben. So lässt sich erklären, warum Klatsch-Mohn immer nur in neuen Beeten im ersten Jahr oder längstens noch im zweiten Jahr auftaucht, um dann für immer zu verschwinden. Andere Stauden dagegen brauchen Jahre, bis sie sich zu eindrucksvollen Exemplaren entwickeln. Wer über dieses Verhalten Bescheid weiß, kann damit arbeiten, es bewusst einsetzen und Pläne darauf abstimmen. Und Sie werden nicht überrascht sein, wenn bestimmte Pflanzen rasch loslegen, während andere nicht und wieder nicht in die Gänge kommen wollen.

Neben den Blüten sind auch die Samenstände vieler Stauden ein wertvolles Gestaltungselement. Mit Einjährigen wie Mohn und Zwiebelpflanzen wie Zierlauch kann so ein Beet mit wenig Aufwand enorm an Wirkung gewinnen.

Angst vor ausläufertreibenden Stauden ist nur auf schweren Gartenböden angebracht. In mineralischem Substrat sind sie leicht zu entfernen und dürfen sich austoben, wie der Beifuß 'Silver Queen' in diesem Kiesbeet: Er hellt das Beet deutlich auf.

Die orangefarbene Knollige Seidenpflanze (*Asclepias tuberosa*) ist eine langlebige, trockenheitstolerante Staude. Sie ist im Kiesbeet ein Fixpunkt und wird von kurzlebigeren Pflanzen umspielt.

Je nachdem, welche Art von Strategietyp Sie in einer Wiese vermehrt einsetzen, wird davon das Wuchs- und Entwicklungsverhalten der gesamten Pflanzengesellschaft beeinflusst. Dabei ist ein Schwerpunkt auf langlebige, nicht zu stark verbreitungsfreudige Stauden empfehlenswert, um keinen Verdrängungswettbewerb schon in den ersten Jahres des Beets zu riskieren. Auf ausläufertreibende Stauden müssen Sie jedoch keineswegs komplett verzichten: Echtes Labkraut (*Galium verum*), einige Beifuß-Arten (*Artemisia*) und Zypressen-Wolfsmilch (*Euphorbia cyparissias*) eignen sich auf mageren Böden hervorragend, um sich zwischen anderen Stauden hindurchzuschlängeln und für Wiesenstimmung zu sorgen. Sie verdrängen an diesen Standorten in aller Regel keine Nachbarpflanzen.

Bei einer Verwendung von Stauden aus allen drei Gruppen werden Ruderalstrategen in den ersten beiden Jahren für Blüten sorgen, während die Vertreter der anderen beiden Gruppen ihre Zeit nutzen können, um Wurzeln zu treiben, sich aufzubauen und im zweiten oder dritten Standjahr durchzustarten. Dann lassen die Massenblüher der ersten Saison stellenweise schon nach oder sind nur mehr an wenigen Stellen vertreten, wodurch sie Raum für die nachfolgenden langsameren Entwickler freigeben. Gleichzeitig ist so die Gefahr gering, dass ungewollte Pflanzen im Beet auftauchen und so zu unangenehmen Konkurrenzsituationen führen, die wiederum Eingriffe erfordern.

ASPEKTE IN DER GESTALTUNG EINER WIESE

So wichtig für eine gute Planung diese Verbreitungseigenschaften einer Pflanze auch sind, ist für die Verwendung in unseren Gärten fast immer ihr ästhetischer Eindruck entscheidend. Das ist sicher auch ein Kriterium, welches in einer Wiese für den Erfolg der Pflanze von Bedeutung ist: Auffällige Blüten und hoher Wuchs ziehen dabei mehr Bestäuber an, flächige Verbreitung und viele kleine Blüten erhöhen durch ihre schiere Zahl die Wahrscheinlichkeit, dass ein Insekt aufmerksam wird. Zahllose weitere Überlebensstrategien laufen jedoch so verborgen ab, dass sie kaum jemals auffallen. Umso interessanter ist es, sich neben den Pflanzen auch mit den tierischen Bewohnern einer Wiese zu beschäftigen.

Betrachten Sie also eine Wiese, so fallen Ihnen vermutlich die Pflanzen besonders auf, die gerade am üppigsten blühen oder die sich durch auffällige Farben besonders aus den Wiesenbeeten herausheben. Womöglich stechen uns jene ins Auge, die sehr große, breite Silhouetten gebildet haben, oder kleinere, die sich dafür zahlreich durch die anderen hindurchweben. Dazwischen schieben auch immer wieder Gräser ihre Halme und zarten Blütenstände ans Licht. Es ist eigentlich ein großes Gewusel, in dem Sie bei genauerem Hinschauen eine weite Palette an beachtenswerten Kombinationen finden können. Und genau hier setzt die Planung einer Staudenwiese an – indem Sie überlegen, welche Blüten und Blütenformen mit anderen harmonieren oder Kontraste bilden, welches Laub einen guten Rahmen für frühere Nachbarblüten bietet und welcher Samenstand im Herbst zu den letzten Astern auch noch gut passen könnte. Dabei ist es hilfreich, auf möglichst viele Details zu achten: Manchmal sind die Austriebe einer Pflanze so außergewöhnlich, dass es sich lohnt, sie mit abgestimmten Frühblühern zu kombinieren. Oder die Stängel einer Pflanze wiederholen ganz subtil den Farbton einer Nachbarpflanze, sodass die Pflanzung harmonisch wirkt, ohne auf den ersten Blick den Grund dafür preiszugeben.

> Wiesen sind nur auf den ersten Blick eine Einheit. Tritt man näher, eröffnet sich eine ganze Welt aus Blüten, Stängeln und Laub, die in immer wieder neuen Kombinationen Kontraste bildet.

Und noch etwas ist entscheidend, um die Qualitäten einer Pflanze für ihre Eignung in der Wiese einzuschätzen: Sie sollte über einen möglichst langen Zeitraum hinweg attraktiv aussehen. Schnelle Performer, die nach einer üppigen Blüte unschön am Boden herumliegen, wären in einer Wiese fehl am Platz, ebenso wie Stauden, die nach der Blüte umkippen. Besser passen solche, deren Gerüst stehenbleibt, deren Samenstände sich mit späteren Blüten gut vertragen und die im Winter vielleicht sogar für einen extra Hingucker sorgen.

WIEDERHOLUNG

Wiesen sind durch ihren meist großflächigen Charakter mehr noch als andere Pflanzengesellschaften von Wiederholungen geprägt. Dabei bilden einige Arten größere Gruppen, längliche Drifts oder stehen unregelmäßig verteilt über eine größere Fläche. Andere hingegen, so ist es auch in der Natur, kommen nur in wenigen, dafür umso üppigeren Exemplaren vor. Und weitere mogeln sich subtil dazwischen, ragen mal hier, mal dort aus der Pflanzung, treten aber nie in den Vordergrund. Alle diese einzelnen Rollen können Sie auch in einer Staudenwiese für den Garten besetzen.

Daraus entsteht jedoch die große Schwierigkeit, sich für einige Arten entscheiden zu müssen. Denn natürlich können ein paar Arten auch einzeln vorkommen, aber der deutlich überwiegende Großteil der verwendeten Stauden sollte an mehreren Stellen eines Beets eingeplant werden. Je größer der zur Verfügung stehende Platz ist, desto öfter wiederholen sich die Pflanzen auf dieser Fläche.

Für kleinere Staudenwiesen bedeutet das, sich auf ein paar wenige Arten – auf ganz kleinen Flächen vielleicht sogar nur auf zwei oder drei – zu beschränken, die dafür in größerer Individuenzahl eingeplant werden. Ideal sind Pflanzen, die sich nach der Pflanzung in Eigenregie vermehren, sodass sich der Wieseneffekt ohne unser Zutun in der Pflanzung verbreitet und durch Selbstaussaat auch über die Jahre erhalten bleibt. Doch es muss nicht immer genau die gleiche Pflanze sein, um den Eindruck einer Wiese zu vermitteln. Bei Gräsern reicht der charakteristische Eindruck von wogenden, sich im Wind bewegenden Blüten, um eine Ähnlichkeit und eine Wiesenassoziation heraufzubeschwören: In diesem Fall können Sie unterschiedliche Gräser verwenden, die verschiedene Höhen und auch Blüten zeigen und gemeinsam den Wieseneindruck gelungen unterstreichen. Und unser Auge ist leicht auszutricksen: Wenn eine auffällige Art öfter über ein Areal verstreut sichtbar ist – vielleicht sogar über die Gren-

Indem im vorderen und hinteren Beet rote und weiße Tulpen sowie Rote Lichtnelken wachsen, wirken sie verbindend und die beiden Beetinseln werden zu einem gemeinsamen Garten. Für diesen Eindruck sind nur ein paar wohlplatzierte Farbtupfer notwendig.

zen des einen Beets hinaus, in die Ränder anderer Pflanzungen hinein – dann ist dieser Effekt so auffällig, dass rundherum auch Stauden in kleineren Stückzahlen das Konzept der Wiese nicht stören.

Die Idee der Wiederholung geht aber noch weiter und über den Charakter einer Pflanze hinaus. Farben, die mehrfach in einer Anlage vorkommen, wirken verbindend und geben nicht nur einem einzelnen Beet Struktur, sondern können ganze Gartenteile harmonisch verlinken. Je nach verfügbarem Platz reichen schon zwei, drei Gruppen derselben Blütenfarbe entlang einer Sichtachse, um für den Eindruck von Weite und gleichzeitig Verbundenheit zu sorgen. Genau dieses Prinzip wird verstärkt bei der Planung einer Staudenwiese eingesetzt. Wenn Sie eine spannende Kombination von zwei zueinander passenden Pflanzen gefunden haben, ob in schöner Harmonie oder in auffälligem Gegensatz, planen Sie diese in unregelmäßigen Abständen an mehreren Stellen des Beets ein. Der natürliche Eindruck einer solchen Anordnung wird erhöht, wenn die Gruppen auch unterschiedlich groß sind und mal etwas gedrängter, mal etwas freier zueinander stehen. Der Reiz besteht nun darin, diese farbliche Kombination auch in Form anderer Pflanzen im Beet vorkommen zu lassen. Hier ist Kreativität gefragt, denn Wiederholung ist nicht allein auf die Farbe oder Form der Blüten beschränkt. Rotes, gelbes oder panaschiertes Laub und auch temporäre Farberscheinungen wie Austrieb, Stängelfarbe, Knospen, Samenstände, Textur der Blätter oder die Strukturen der Pflanzen können als verbindende Klammern innerhalb und über Beetgrenzen hinweg der Gestaltung dienen.

Richtig spannend wird es, wenn Sie Ähnlichkeiten aus verschiedenen Kategorien miteinander in Verbindung setzen, also beispielsweise den Austrieb eines Grases mit den Blüten einer Zwiebelpflanze, dem frischen Laub eines Gehölzes im Hintergrund und den kleinen Blüten einer eher unscheinbaren, bodendeckenden Staude aufeinander abstimmen. Weil wir Menschen über eine sehr aufmerksame Farbwahrnehmung verfügen, kann dieses Spiel mit Kombinationen bis weit ins Detail reichen oder Umwege über Komplementärfarben nehmen. Für Staudenwiesen können Sie so Farbeindrücke entwerfen, die Sie in mehreren Bereichen und mit unterschiedlichen Pflanzen wiederaufnehmen. Auf diese Weise können Sie Wiederholung ganz abwechslungsreich zelebrieren und es bilden sich passende Pflanzenkombinationen, die sich erst bei genauerem Hinschauen entschlüsseln lassen – ein Wieseneindruck entsteht.

Dabei ist keineswegs gesagt, dass nur harmonische Kombinationen vorkommen dürfen. Wiesen sind häufig bunt und letztlich können alle Farben in einer natürlichen Wiese auftauchen. Insbesondere die Farbe Gelb, die in Gärten oft aus Furcht vor allzu grellen Kombinationen außen vorgelassen wird, tritt häufig auf. Indem sie von kühlen Farben begleitet und

Mit unterschiedlichen Blütenformen, die aufeinandertreffen, ist man bei der Beetplanung immer gut beraten. Der weiße Wasserdost 'Bartered Bride' ist ein dezenter, aber wirkungsvoller Kandidat für den abrundenden Hintergrund von Beeten.

von grünen Gräsern, Blättern und vielen kleinere Blüten umspielt wird, bietet sie in einer geplanten Staudenwiese ein enormes Potenzial für kraftvolle Kombinationen. Da viele kleinblütige Pflanzen ohnehin Gelbanteile in ihren Blüten mitbringen, ist die Kombination mit Gelb oft einfacher als angenommen.

KONTRASTE

Mindestens ebenso wichtig wie passende oder besser „harmonische" Kombinationen und Gestaltungen sind Kontraste und Gegensätze. Sie halten eine Pflanzung spannend und lebendig, machen neugierig auf genaueres Hinschauen und laden ein, ein Beet aus unterschiedlichsten Blickwinkeln zu betrachten. Auf diese Weise bildet sich ein Mosaik aus Eindrücken, das Betrachtern immer neue Einblicke ermöglicht und damit sowohl beim einmaligen Betrachten als auch in der Entwicklung übers Jahr hinweg niemals langweilig wird.

Natürliche Wiesen wirken auf die gleiche Weise: Sie vereinen unterschiedliche Blüten, Wuchsformen und Pflanzenhöhen, die sich, im Detail betrachtet, deutlich unterscheiden, als Ganzes aber eine harmonische, lichtdurchflutete Kombination ergeben. Aus diesem Grund folgt die Planung einer Staudenwiese ganz ähnlichen Überlegungen: Im Unterschied zu englischen Beeten oder sorgsam höhengestaffelten Staudenanlagen fallen die Kontraste in der Wiese jedoch oft weniger plakativ aus, weil die verwendeten Pflanzen kleinere Blüten oder weniger leuchtende Farben besitzen. Aber auch hier gilt, dass Ausnahmen eine Pflanzung beleben: Es spricht deswegen nichts dagegen, in einer Wiese auch mal knallige Farben oder großblütige Stauden zu verwenden. Die Ideen hinter einer gelungenen Kombination bleiben trotzdem immer die gleichen: Das Wissen um Farbgestaltung gilt auch für die Wiese und Komplementärfarben sind hier genauso die Garantie für Auffälligkeit wie das Aufeinandertreffen unterschiedlicher Blütenformen.

Allerdings ist die Pflanzengesellschaft in Wiesen eine andere als im Prachtstaudenbeet: Eine Vielzahl an kleinen Blüten, Gräsern und nicht zurückgeschnittenen Samenständen fungiert als Weichzeichner, der Kontraste abmildert, Kombinationen entschärft und wie ein Filter extremen Kontrasten vorbeugt. Je mehr solche „Weichzeichner" Sie in einer Pflanzung verwenden, desto offensiver können Sie mit Farben umgehen. Anders als im klassischen Beet spielen nun nicht die großen, auffälligen Blüten die Hauptrolle, sondern kleinere und vor allem auch alle anderen Teile von Pflanzen: Verblühtes, farbige Stängel, ansprechendes Laub, interessante Laubfärbung und auch die Wuchsform. Außergewöhnlichen Effekten, wie im Gegenlicht leuchtenden Samenständen oder hübsch geform-

Weiße, luftige Blütenwolken bilden die Dolden des Meergrün-Bergfenchels (*Seseli osseum*). Sie bilden einen reizvollen Kontrast zu den aufrechten lila Blüten des Lanzen-Eisenkrauts (*Verbena hastata*) im Vordergrund.

Zwei, die rasch für Eindruck sorgen, sind die Rote Lichtnelke und das Wimper-Perlgras. Beide sollten Sie aber im Blick haben, damit sie noch junge Stauden im Umkreis nicht verdrängen. Später besetzen sie dann nur mehr die Lücken.

ten Knospen, wird mehr Bedeutung beigemessen, was soweit gehen kann, dass diese mit Absicht in Szene gesetzt werden. So können silberlaubige Stauden, die verstreut im Beet vorkommen, die gesamte Pflanzung aufhellen und auch dunklere Blüten, die im Grün der Nachbarpflanzen sonst untergegangen wären, zum Leuchten bringen. Genauso können hübsche Samenstände wie die von Kugellauch inmitten einer einheitlich wachsenden Pflanze durch den Kontrast hervorgehoben werden.

Neben den Blüten sind die Wuchsform und die Struktur einer Pflanze, der Habitus, ein weiteres wichtiges Gestaltungselement. Manche Pflanzen bilden einheitliche Halbkugeln, die inmitten einer Wiese beruhigend wirken, andere streben schlank und hoch aus einer Pflanzung hinaus, andere bilden Wolken aus Blüten und scheinen zwischen den anderen Stauden zu schweben. Indem verschiedene Wuchstypen kombiniert werden, entsteht ein abwechslungsreiches Bild, das sich in unregelmäßigen Abständen wiederholt und aus unterschiedlichen Perspektiven, wenn Sie etwa das Beet umkreisen, immer wieder neu zusammensetzt. So entsteht eine Struktur aus bekannten und trotzdem immer wieder neuen Kombinationen. Damit das auch klappt, sollten die Pflanzen in unregelmäßigen Abständen und in unterschiedlichen Gruppengrößen angeordnet sein. Sonst könnte es zu ungewollter Symmetrie kommen, was dem natürlichen Eindruck einer Wiese zuwiderlaufen würde.

Je kraftvoller ein Kontrast ist, desto vorsichtiger sollten Sie ihn in der Wiese platzieren. Weiße Blüten inmitten einer dunklen Pflanzung sind so auffällig, dass ein paar wenige Pflanzen reichen. Genauso verhält es sich mit kräftigen, leuchtenden Farbtönen. Wenn Sie einen kräftigen Kontrast mit einer kleinen, fast unscheinbaren Wiederholung verbinden, so wird seine Wirkung etwas abgefedert und die Pflanzung wirkt harmonischer. Diese Wirkung können Sie sich bei gelben Stauden zunutze machen, indem Sie gelbgrüne Blüten wie die von Wolfsmilch-Arten, Weinraute, Echtem Labkraut oder Frauenmantel in eine Pflanzung integrieren. Auch hellgrüner Laubaustrieb eignet sich gut, um eine optische Brücke zwischen leuchtendem Gelb und anderen Blütenfarben zu schlagen. Genauso kann rotes Blattwerk helfen, orange oder purpurne Blüten in eine Pflanzung einzubinden und so Kombinationen zu verstärken.

Eine gestaltete Wiese mit *Rudbeckia maxima*, der leuchtend neongelben *Patrinia scabiosifolia* (Goldbaldrian) und rosaviolettem Phlox 'Hesperis'. *Agastache rugosa* 'Alabaster' haben sich durch Selbstaussaat über die gesamte Wiesenfläche verteilt.

Aus den rundlichen Blütenhügeln von Wolfsmilch (*Euphorbia seguieriana* subsp. *niciciana*) und dem austreibenden silbrigen Beifuß ragen im Juni und Juli die aufrechten Blütenkerzen des Quirlblütigen Salbeis.

Oben: Die Zierlauch-Sorte 'Miami' blüht erst im Juni und ermöglicht so vielfältige Kombinationen.
Links: Schlanke, gelb bis cremefarbene Blütenkerzen bildet der Wollige Fingerhut, dem es in Kiesbeeten und auf trockenen Freiflächen gut gefällt. Seine kleinen Blattrosetten brauchen kaum Platz und fügen sich gut ein.

Eine Staudenkombination in rosafarbenen und weißen Tönen. Nicht sehr spannend könnte man meinen. Aber durch sehr unterschiedliche Blütenformen von Phlox, Astilben, Wiesenknopf und Kandelaber-Ehrenpreis wird dies zu einer pfiffigen Gestaltung.

„Herausragende" Pflanzen

- Duftnessel (*Agastache*, diverse)
- Zierlauch (*Allium*, diverse)
- Ochsenzunge (*Anchusa azurea*)
- Weißer Beifuß (*Artemisia ludoviciana*) und weitere
- Indigolupine (*Baptisia austrialis*)
- Prärielilie (*Camassia*)
- Glockenblumen (*Campanula*, diverse, auch *Adenophora*)
- Silberkerze (*Cimicifuga / Actaea*)
- Fingerhut (*Digitalis*, diverse)
- Natternkopf (*Echium vulgare*)
- Steppenkerze (*Eremurus*, diverse)
- Fackellilie (*Kniphofia*)
- Prachscharte (*Liatris spicata*)
- Leinkraut (*Linaria genistifolia, L. purpurea*)
- Blutweiderich (*Lythrum salicaria*)
- Brandkraut (*Phlomis russeliana, P. tuberosa*)
- Blauweiderich (*Veronica longifolia*)
- Resede (*Reseda alba, R. luteola*)
- Riesen-Sonnenhut (*Rudbeckia maxima*)
- Steppen-Salbei (*Salvia nemorosa*)
- Königskerze (*Verbascum*, diverse)
- Eisenkraut (*Verbena hastata*)
- Hoher Ehrenpreis (*Veronicastrum*, diverse)

Pflanzen als vertikales Element (Blütenform und Wuchs)

- Schafgarbe (*Achillea*, diverse)
- Engelwurz (*Angelica gigas*)
- Astern
- Sonnenhut (*Echinacea purpurea, E. pallida*)
- Mannstreu (*Eryngium yuccifolium*)
- Wasserdost (*Eupatorium purpureum*)
- Purpur-Fenchel (*Foeniculum vulgare*)
- Sonnenbraut (*Helenium*)
- Gold-Baldrian (*Patrinia scabiosifolia*)
- Phlox
- Gelber Sonnenhut (*Rudbeckia, diverse*)
- Fetthenne (*Sedum spectabile*)
- Silge (*Selinum wallichianum*)
- Goldrute (*Solidago* 'Fireworks')

Blütenwolken / Weichzeichner

- Bergknöterich (*Aconogonon* 'Johanniswolke')
- Hanfblättriger Eibisch (*Althaea cannabina*)
- Färberkamille (*Anthemis tinctoria*)
- Alpen-Mannstreu (*Eryngium planum*)
- Prachtkerze (*Gaura lindheimeri*)
- Storchschnabel (*Geranium*)
- Nachtviole (*Hesperis matronalis*)
- Witwenblume (*Knautia arvensis, K. macedonica*)
- Katzenminze (*Nepeta, diverse*)
- Blauraute (*Perovskya*)
- Staudenknöterich (*Bistorta amplexicaulis*)
- Wiesenknopf (*Sanguisorba, diverse*)
- Bergfenchel (*Seseli osseum*)
- Mutterkraut (*Tanacetum parthenium*)

Blauer Lein und oranger Mohn (*Papaver atlanticum*) bilden ein dynamisches Duo in Komplementärfarben: Eine kraftvolle Kombi für trockene Stellen. Dazu passt gut die Kartäuser-Nelke: Fertig ist die selbstständige Mini-Wiese.

Pflanzen für Dynamik

- Färberkamille (*Anthemis tinctoria*)
- Kornblume (*Centaurea cyanus*)
- Acker-Rittersporn (*Consolida regalis*)
- Wilde Möhre (*Daucus carota*)
- Kartäuser-Nelke (*Dianthus carthusianorum*)
- Wolliger Fingerhut (*Digitalis lanata*)
- Weber-Karde (*Dipsacus fullonum*)
- Acker-Witwenblume (*Knautia arvensis*)
- Purpur-Witwenblume (*Knautia macedonica*)
- Leinkraut (*Linaria purpurea*)
- Blauer Lein (*Linum perenne*)
- Federgras (*Nasella tenuissima*)
- Marokkanischer Mohn (*Papaver atlanticum*)
- Klatsch-Mohn (*Papaver rhoeas*)
- Gold-Baldrian (*Patrinia scabiosifolia*)
- Rote Lichtnelke (*Silene dioica*)
- Königskerze (*Verbascum, diverse*)
- Eisenkraut (*Verbena bonariensis*)

DYNAMIK

Wiesen leben von Veränderung. Ganz anders als ein sorgsam komponiertes Staudenbeet, insbesondere ein perfekt durchkomponiertes „English Border", in dem jede Pflanze ihren Platz erhält und so zur gelungenen Gestaltung beiträgt, bilden Staudenwiesen vielmehr ein Set an angepassten, auf den Standort abgestimmten Gewächsen. Diese sollten aus pflanzenökologischer Sicht ebenso zusammenpassen wie nach ästhetischen Gesichtspunkten.

Ihre Anordnung im Beet kann sowohl völlig zufällig als auch bis in die Details durchdacht und aufeinander abgestimmt erfolgen. Je mehr Dynamik in Form von Aussaat und selbstständiger Ausbreitung Sie einplanen, umso natürlicher wird die Pflanzung wirken. Das bedeutet jedoch nicht, dass Sie alles dem Zufall überlassen müssen. Eher ist die Dynamik ein Faktor, der sorgsam einkalkuliert werden sollte und mithilfe von selbstaussäenden Pflanzen den natürlichen, wildhaften Eindruck einer Wiese unterstreicht und betont. Damit ist eine Kombination aus sorgfältiger Pflanzenauswahl, die für den Standort passt, vom Wuchs harmonierende Pflanzen verwendet und nicht zuletzt ästhetisch ansprechende Pflanzenkontakte forciert die beste Voraussetzung für eine Staudenwiese, die Freude macht. Klappt das alles, entsteht der Eindruck einer Wiese, der eben kein bemühtes Kombinieren vermittelt, sondern Leichtigkeit und ungezwungenen Wuchs. Folglich ist es notwendig, dass ein gewisser Prozentsatz der gepflanzten Pflanzen sich entweder durch moderate Ausläuferbildung und noch besser durch Aussaat selbstständig im Beet verbreitet. Eine weitere Möglichkeit wäre, dass Sie überhaupt einige Arten ergänzend per Aussaat in die Pflanzengesellschaft einbringen. Auf diese Weise schlängeln sich einzelne Triebe und Pflanzen unterschiedlicher Entwicklungsstufen zwischen die größeren, üppigeren, die gepflanzt wurden, und tragen so entscheidend zum wiesenhaften Eindruck bei.

EINDRÜCKE VON FERN – UND AUS DIREKTER NÄHE

Aus der Ferne wirkt eine gelungene Staudenwiese wie ein Aquarell. Doch erst aus der Nähe erschließen sich die einzelnen Mitspieler und hunderte interessante Pflanzenbegegnungen werden sichtbar. Wie im Kapitel davor thematisiert, gewinnt das Beet enorm, wenn Sie nahe herantreten können. Sollten Sie die Möglichkeit haben, abendliches oder morgendliches Streiflicht auf Ihre Wiese fallen zu lassen, so nützen Sie diese unbedingt. Tiefes Licht verstärkt die Wirkung von Wiesen und bietet einen wunderbaren Mehrwert.

Beim Vermischen des Mutterbodens mit aufgebrachtem Sand ist ein Minibagger eine große Hilfe. So wird nicht nur das Substrat einheitlicher, sondern es können im gleichen Arbeitsschritt auch kleine Geländemodellierungen vorgenommen werden.

Staudenwiesen profitieren enorm von Wegen, auf denen Sie direkt durch die Pflanzung gehen können und somit in Kontakt mit der Bepflanzung treten. Im Garten der Wegners sind es Rasenwege, aber auch befestigte Pfade oder Stege aus Holz sind denkbar.

ANLEGEN

Egal ob mit der Hand, mit Minibagger, an einem Tag oder über mehrere Wochen hinweg: Gut vorbereiteter Boden ist Gold wert. Achten Sie auch beim Graben noch auf Auffälligkeiten, um gegebenenfalls Anpassungen vornehmen zu können.

Nach der Planungsphase geht es endlich los: Das Beet oder der Garten wird angelegt. Je nachdem, ob Sie ein Beet renovieren und die Fläche bereits urbar gemacht wurde oder Sie eine bis dahin nicht als Garten genutzte Fläche nun in einen solchen verwandeln, werden Sie unterschiedlich an die Sache herangehen. Wie im Kapitel „Flächen adaptieren" besprochen, ist die Frage, wie Sie den Boden vorbereiten, wesentlich abhängig von den später verwendeten Pflanzen. Wie immer gilt: Eine sorgfältige Vorbereitung spart später Zeit und Ärger, weshalb Sie dem Anlegen und Vorbereiten des Beets ausreichend Zeit und Sorgfalt widmen sollten.

BEETE DEFINIEREN

Staudenwiesen verbreiten eine natürliche, gewachsene Stimmung. Es kann daher passend sein, für ein Beet eher runde und organische Formen zu wählen, die sich dem Gelände anpassen und die künftige Wiese mit der Umgebung verschmelzen lassen, wodurch ihre Natürlichkeit noch mehr betont wird. Genauso ist es aber denkbar, ganz bewusst einen Kontrast zu schaffen und streng geometrische Formen zu wählen, mit Symmetrie zu arbeiten und diesem äußeren Rahmen ein üppiges, ganz und gar anders anmutendes Inneres zu verleihen. Ganz egal, wofür Sie sich entscheiden, es ist empfehlenswert, die Umrisse Ihrer Anlage vorab auszulegen, um ein Gefühl für die Dimensionen zu bekommen.

Wesentlich sind auch die Fragen nach technischen Details: Woher werden Sie das Wasser beziehen, das zumindest am Anfang notwendig sein wird, ist dieser Zugang frei und zugänglich? Genauso sollten Sie über die spätere Pflege der Pflanzung nachdenken. Besteht von allen Seiten eine Zufahrtsmöglichkeit für Schubkarren, Häcksler und andere Gerätschaften, die Sie vermutlich brauchen werden? Gibt es genug Freifläche, um Staudenschnitt aufzuschichten, bevor er abtransportiert wird? Ebenso sollten lokale Anforderungen bedacht werden: Wie sieht es mit den Abständen zu Gehölzen aus, können Sie diese noch schneiden, ohne später das Beet in Mitleidenschaft zu ziehen?

Bei größeren Pflanzungen sind Pflegewege im Hintergrund oder ein verborgener Pfad in der Mitte, wo Sie etwas mehr Abstand zwischen den Stauden lassen, womöglich hilfreich. Auch wenn diese dann im Laufe der Zeit verdeckt werden und im Sommer ganz sicher verwachsen, können sie beim spätwinterlichen Rückschnitt eine große Hilfe sein. Es ist sogar denkbar, sie mit natürlichen, verrottbaren Materialen wie Holzhäcksel oder Kies zu befestigen oder mit Trittplatten zu markieren. Während der Vegetationszeit werden diese Hilfen nicht zu erkennen sein, im Frühling oder Herbst können sie jedoch gute Dienste leisten. Dabei geht es nicht nur um Rückschnitt, sondern auch um das Legen von Blumenzwiebeln, das Jäten während des Jahres oder einfach nur um die Möglichkeit, in niederschlagsreichen Gebieten ins Beet steigen zu können, ohne im Boden „zu versinken".

PFLANZEN

Sind die Pflanzen ausgewählt, geht es an die Beschaffung. Als Bezugsquelle sollten heimische Staudengärtnereien die allererste Wahl sein, da sie an die regionalen Bedingungen angepasste Stauden heranziehen. Darüber hinaus bieten sie Beratung bei Unsicherheiten in der Auswahl, können Tipps zum Pflanzen geben und zu Alternativen raten, falls Änderungen erforderlich werden sollten. Daneben versenden zahlreiche Anbieter vom Frühling bis zum Herbst und auch Pflanzenmärkte erfreuen sich immer größerer Beliebtheit. Solche Veranstaltungen sind für Pflanzenfreunde ganz besondere Termine, da zumeist mehrere Anbieter aus zum Teil weiter entfernten Regionen anreisen und bei rechtzeitiger Kontaktaufnahme gerne Vorbestellungen mitbringen.

Ob eine Frühjahrs- oder Herbstanlage besser klappt, darüber gibt es viele Diskussionen. In beiden Fällen ist die nachfolgende Witterung ausschlaggebend – im Frühling ist die Gefahr von frühen Hitzewellen groß, sodass mit mehr Aufwand durch Wässern gerechnet werden muss. Im Herbst bleiben die Böden aufgrund der sinkenden Temperaturen und der kühleren Nächte länger feucht, was den Pflanzen ein entspannteres Einwurzeln ermöglicht. Allerdings können starker Winterfrost und feuchtes Wetter für manche Stauden zum Problem werden, falls sie noch nicht vollständig eingewurzelt sind. In rauen Lagen sollten Sie deshalb vor zu späten Pflanzaktionen im Spätherbst Abstand nehmen. Können Sie jedoch schon im September mit der Anlage beginnen, so bleiben den Pflanzen in einem durchschnittlichen Jahr noch drei Monate Zeit, um ausreichend einzuwurzeln und im Frühling dann ohne Verzögerung in die Saison starten zu können.

Nachdem alle Pflanzen eingetroffen sind, empfiehlt es sich, diese auf der vorbereiteten Beetfläche zu verteilen und aufzulegen. Ob Sie dabei intuitiv vorgehen und die Stauden spontan verteilen oder sich an einen Plan halten, ist Ihnen überlassen. Sobald Sie alle Stauden verteilt haben, können Sie noch umgruppieren. Vielleicht gefällt Ihnen spontan eine andere Anordnung besser oder Sie erkennen anhand noch sichtbarer Merkmale, dass ein Austausch zweier Gruppen doch viel besser passen würde. Wenn alle Stauden auf der Fläche stehen und Sie mit dem Ergebnis zufrieden sind, beginnen Sie mit dem Pflanzen. Eine Anlage im Herbst bringt den großen Vorteil, dass Sie auch Blumenzwiebeln gleich zu Beginn mit einbringen können. Bei einer Frühjahrspflanzung sollten Sie diese im Plan vermerken oder durch Kies- oder Stöckchenmarkierungen im Beet für später einplanen. Denn selbst wenn die Pflanzen im April im Töpfchen noch recht klein aussehen, werden Sie im September vermutlich freie Plätze vom Frühling nur mehr schwer wiederfinden.

Danach gilt es, das Beet einmal durchdringend zu wässern. Nachfolgende Wassergaben sollten immer erst nach Überprüfung des Bodens und wirklich nur dann erfolgen, wenn es trocken ist. Ansonsten würden Sie die Stauden davon abhalten, in die Tiefe zu wurzeln, was besonders bei Frühjahrspflanzungen das Gießen bis weit in den Sommer hinein notwendig machen würde. Gehen Sie daher immer nach Augenmaß vor und beobachten die Pflanzen: Erst wenn sie merkbar dürsten und auch abends, wenn sich die Sonneneinstrahlung verringert hat, noch immer die Blätter hängen lassen, sollten Sie zum Wasser greifen. Und wenn, dann gießen Sie ausreichend. Mit jedem Gießvorgang sollten mindestens etwa 10 Liter je m^2 bewässert werden. Ein Regner erspart Ihnen dabei viel Zeit. Nur eine kurze Zeit den Boden befeuchten hilft nur wenig. Am besten, Sie graben nach dem ersten Wässern ein etwa 10–15 cm tiefes Loch und schauen nach, wie weit die Feuchtigkeit in die Tiefe reicht. So können Sie in Zukunft besser abschätzen, wie lange Sie die Bewässerung laufen lassen müssen. Eingewachsene Staudenwiesen brauchen dann keine Wassergaben mehr.

Falls Sie zusätzliche Ansaaten im Beet planen, sollten Sie diese möglichst bald nach Fertigstellung des Beets ausbringen. Meistens keimen Samen in neu angelegten Beeten sehr gut, vor allem deshalb, weil auch noch überall genug Licht vorhanden ist. Daher sollten Sie die Saatmenge nicht zu üppig wählen!

Sollten Sie Ihr Beet mulchen wollen, zögern Sie nicht zu lange. Gerade in der Anfangszeit einer Pflanzung ist der Druck durch im Boden verbliebene Samen sowie der Anflug aus der Umgebung besonders problematisch, da die gepflanzten Stauden noch nicht alle konkurrenzfähig sind und der Boden offen ist. Eine Schicht aus Splitt, Holzhäcksel oder einfach nur Sand kann in diesem Fall wertvolle Dienste leisten: Sie verringert die Keimung von Anflug, hält die Feuchtigkeit besser im Boden – was den Stauden zugute kommt – und erleichtert nicht zuletzt das Jäten, falls doch ungeliebte Pflanzen Fuß fassen sollten.

Auch wenn Sie mit einem noch so ausgeklügelten Einkaufszettel bzw. Pflanzplan in einer Gärtnerei einkaufen, vor Ort entdecken Sie bestimmt noch den einen oder anderen Schatz und integrieren ihn dann in die neue Pflanzung.

Roter Sonnenhut und Wimper-Perlgras werden mit der Zeit zu vagabundieren beginnen. Die Goldrutenaster 'Greenfinch' bleibt dafür an ihrem Platz. Diese Verhaltensweisen sollten in einer Planung berücksichtigt werden.

Es kann nicht zu oft betont werden: Ein Rückschnitt im Herbst bringt nicht nur ökologische Nachteile, sondern verhindert auch die zauberhafte Verwandlung, die Frost und Schnee mit sich bringen, wie hier mit dem Blütenrest eines Sonnenhuts (*Rudbeckia missouriensis*).

PFLEGEN

Staudenwiesen leben zwar von ihrer natürlichen Ausstrahlung, dürfen aber auch zurückgeschnitten werden! Notwendig ist das aber nicht und gerade der Winteraspekt lebt durch die unterschiedlichen Staudenskelette, die langsam welken.

Geht man von wiesenartigen Pflanzengesellschaften in der Natur aus, so gibt es zwei unterschiedliche Typen: Eine entstand, weil aufgrund des Klimas, der raren Niederschläge oder aufgrund sehr magerer oder steiniger Böden keine Gehölze wachsen können. Der zweite Wiesentyp wurde von Menschenhand durch regelmäßige Mahd geschaffen und so auch erhalten oder entwickelte sich durch Beweidung von wilden oder domestizierten Tieren. Wer in Mitteleuropa gärtnert, wird daher seine Staudenwiese zumindest soweit pflegen müssen, dass ihr keine Verbuschung droht. Das mag übertrieben klingen. Wer aber schon Baumsämlinge aus Kiesbeeten oder begrünten Dächern gejätet hat, wird sich an ihre Wuchskraft erinnern und sich gut vorstellen können, wie ein Garten aussieht, wenn man ein paar Jahre lang keine Gehölzsämlinge entfernt.

Daher ist es unbedingt notwendig, auch in Landschaftsschutzgebieten Wiesen zumindest einmal jährlich – meist nach der erfolgten Aussaat der meisten schutzwürdigen Pflanzen – zu mähen. Das Ziel ist dabei nicht nur die Unterdrückung von Gehölzen, sondern auch eine Abmagerung der Wiese, die durch den Abtransport des Mähmaterials erfolgt. Würde man mulchen, was leider in vielen Schutzgebieten aus Zeitmangel passiert, wäre das vor allem für raschwüchsige Pflanzen wie Gräser ein Vorteil, die in weiterer Folge Blühstauden verdrängen.

Dabei kommt es auf den Wiesentyp an, welche Bearbeitung optimal oder auch als im Rahmen zu betrachten ist. Nährstoffreiche Wiesen kommen deshalb mit Mulchen besser klar als Magerrasen, der in Mitteleuropa allein durch den Eintrag von Stickstoff durch die Luft so ausreichend gedüngt wird, dass ein Abtransport des Mähguts die einzige adäquate Pflege darstellt. Auch die Beweidung mit Pflanzenfressern führt zu einer Entnahme von Nährstoffen. Das liegt daran, dass diese meist nicht mitten auf der Wiese, sondern erst in der Nähe von Lagerplätzen und auf flachen Bereichen, wo die Tiere dann ruhen, in Form von Mist wieder „zurückgegeben" werden. Auf diese Weise können Magerwiesen in steilen Lagen gut ausgemagert werden – bei zusätzlichem Besatz mit Ziegen werden auch die Gehölze in die Schranken gewiesen.

Im Garten und in unseren Staudenwiesen muss die Pflege natürlich differenzierter betrachtet werden, wobei die Grundidee doch die gleiche bleibt. Für die meisten Gartenfreunde bedeutet die Pflege ihrer Beete aber weit mehr als nur Abmagerung und Schutz vor Verbuschung: Zumindest einmal im Jahr werden die Beete zurückgeschnitten, idealerweise im Spätwinter, meist im Februar, bevor die Pflanzen neu austreiben und bevor die ersten Zwiebelblumen erscheinen. Die meisten Gartenbesitzer schnippeln aber lieber öfter an ihren Beeten herum. Sie entfernen Verblühtes, nehmen welkes Laub zurück oder verpassen Stauden einen Totalrückschnitt, um einen zweiten Blütenflor oder den Austrieb frischen Laubs zu initiieren.

All das ist auch bei Staudenwiesen eine Option – aber weder notwendig noch sinnvoll. Denn selbst wenn das Stehenlassen von welken Samenständen für manche, die allzu gerne zurückschneiden, etwas ungewohnt oder gar unordentlich aussieht, so bieten diese Strukturen ebenso wie Blüten gestalterisches Potenzial und können aktiv in Kombinationen mit Nachbarpflanzen einbezogen werden. Bei Gräsern ist es mittlerweile gang

Bei Reif schauen die Staudenreste besonders schön aus. Alles, was matschig umkippt, wurde schon im Herbst entfernt. Die restlichen Arbeiten erfolgen dann erst an einem warmen Spätwintertag, bevor die ersten Frühblüher durchstarten.

und gäbe, sie den Winter über zu belassen, um sich weiter an ihrem filigranen Erscheinungsbild und den hübschen Samenständen zu erfreuen. In einer Staudenwiese gibt es daher immer Möglichkeiten, etwas zurückzuschneiden, aber nie die Notwendigkeit dazu. Nur wer viele Frühlingsblüher in den Beeten hat, wird durch deren Blüte indirekt gezwungen, den Rückschnitt zeitlich so zu legen, dass diese weder verdeckt noch bei den Arbeiten zertreten werden.

Weil das Stehenlassen von Staudenresten für zahlreiche Insekten und auch kleinere Organismen eine große Hilfe ist, um den Winter zu überstehen, kann sich hier ein Nutzungskonflikt entwickeln. Es kann daher sinnvoll sein, nicht den gesamten Garten mit Frühlingsblühern zu besiedeln, um manche Teile wirklich bis März stehenlassen zu können, ohne Tiere aus ihren Winterquartieren zu jagen. Wenn sich beides nicht verhindern lässt, hilft es schon, das Material nicht augenblicklich zu schreddern, sondern es auf einem Haufen zu lagern und erst an einem warmen Frühlingstag ein paar Wochen später zu häckseln. So ist es den meisten Tieren möglich, die Staudenüberreste gefahrlos zu verlassen und der Schnitt muss nicht zu lange warten.

PFLEGE WÄHREND DER SAISON – RÜCKSCHNITT UND CO.

Während des Jahres soll eine gelungene Staudenwiese in erster Linie wachsen. Sie sollte keineswegs regelmäßige Eingriffe erfordern, sondern, ganz im Gegenteil, möglichst die gesamte Saison harmonisch und natürlich wirken, aber ohne komplett zu verwildern. Das klappt vor allem dann gut, wenn die einzelnen Pflanzen sich ergänzen, ablösen und damit auch Vergehendes verdecken. Frühlingsblüher etwa, die schon nach wenigen Wochen welken, werden von austreibenden Stauden überwachsen und Laub von Narzissen, Tulpen und Co. verschwindet daher völlig ohne unser Zutun. So kommen Sie mit Staudenwiesen bis in den Frühsommer hinein nicht in die Verlegenheit, mit der Schere ausrücken zu müssen.

Danach hängt es von den verwendeten Pflanzen ab, Ihrem Wunsch nach etwas Ordnung oder Ihrem ästhetischen Empfinden, ob Sie etwas zurückschneiden möchten. Üblicherweise werden in einer Staudenwiese keine Rückschnittarbeiten durchgeführt, solange der Wuchs der Pflanzen nach Plan verläuft. Das bedeutet konkret, dass verblühte Stängel immer bleiben dürfen, wenn nicht sogar bleiben sollten. Nach heftigen Gewitterstürmen können umgekippte Stauden vielleicht mitunter den Griff zur Schere legitimieren – ganz einfach deshalb, weil sie umgebende Pflanzen ebenfalls in Mitleidenschaft ziehen und damit den Eindruck des Beets empfindlich stören könnten. In solchen Fällen ist es hilfreich, die Reaktion der betroffenen Stauden abschätzen zu können. Das eigentlich recht kompakte Silber-Ährengras (*Achnatherum calamagrostis*) etwa, das bei guter Wasserversorgung oder frühsommerlichen Starkregen leider zum Umkippen neigt, kann bis Ende Juni eine Handbreit über dem Boden zurückgeschnitten werden. Es wird danach innerhalb weniger Wochen neu austreiben und sogar erneut blühen. Ähnlich gut klappt das mit den meisten Storchschnäbeln (*Geranium*), mit Salbei (besonders *Salvia verticillata*, der damit auch vom Aussäen abgehalten wird) und auch Katzenminze (*Nepeta*). Andere Pflegearbeiten, wie das Aufbinden oder Stützen von Stauden, sollten in Staudenwiesen keine Rolle spielen müssen, da kleinblütige Wildstauden, die auf passenden Standorten verwendet werden, nur in Ausnahmefällen zum Umfallen neigen.

Wiesen-Glockenblumen sind unterschätzte Lückenfüller im locker bepflanzten sonnigen Beet. Sie sind meist kurzlebig, säen sich jedoch aus und stören durch ihren schlanken Habitus die Nachbarpflanzen in keiner Wiese – und zahlreiche Wildbienen freuen sich.

SAATMANAGEMENT

Beim Anblick der ersten verblühten Samenstände sollten Sie ans Aussaatmanagement denken. Ohne Dynamik ganz zu unterbinden, kann es in manchen Situationen viel Arbeit ersparen, die Selbstaussaat mancher Stauden, wenn schon nicht zu unterbinden, dann zumindest zu reduzieren. Je nachdem, was in Ihrem Garten besonders gut gedeiht, kann es notwendig werden, Teile der Samenstände zu entfernen. Ein Grund dafür kann sein, bestimmte Farbschläge einer Art erhalten zu wollen. Allerdings ist ein Abschneiden der „falschen" Samenstände nur von bedingter Hilfe, da die umgebenden Pflanzen von Insekten meist schon lange vorher bestäubt wurden. Falls Sie also beispielsweise bei Akeleien bestimmte Farbschläge selektieren möchten, so geht das rascher, wenn Sie die nicht erwünschten Blütenfarben schon beim Aufblühen entfernen – auf diese Weise verhindern Sie die Bestäubung der erwünschten Pflanzen mit den falschfarbigen am effektivsten. Allerdings müssen Sie dazu blühende Pflanzen abschneiden – etwas, das nicht allen Menschen leichtfällt. Aber vielleicht ist es einfacher, wenn Sie daraus einen besonders schönen Blumenstrauß binden?

Luftige Dolden und kleine Blütenkerzen: Bergfenchel und Eisenkraut (*Verbena*-Sämling, vermutlich eine Hybride) sorgen für das perfekte Wiesenflair. Sie mögen trockene, warme Stellen und säen sich beide zuverlässig aus.

Ein weiterer Grund, die Samenstände mancher Stauden zu entfernen, ist die Zeitersparnis bei der späteren Pflege. Wenn Sie schon wissen, dass beispielsweise Eisenkraut (*Verbena*) in Ihrem Boden nur sehr schwer zu jäten ist, so ist es durchaus sinnvoll, auf den zugegeben hübschen Winteraspekt dieser Stauden zu verzichten – weil nicht einmal das schönste Bild von glitzerndem Raureif drei Nachmittage mühsames Eisenkraut-Sämlinge-Jäten wert ist. Haben Sie jedoch sandigen, durchlässigen Boden, so kann das anders aussehen. Im Garten der Autorin tauchen immer nur ein paar Dutzend Sämlinge auf, die sich weder fest in den Boden krallen noch eine besondere Bedrohung für die umgebenden Pflanzen darstellen. Daher dürfen die Verbenen bis zum Rückschnitt im Spätwinter stehenbleiben.

Es ist generell empfehlenswert, in den ersten Jahren eines Beets – besonders dann, wenn Sie neu in einem Garten gärtnern – konzentriert auf solche Details zu achten und sich eventuell auch Notizen zu machen, um später angemessen eingreifen zu können. Welche Pflanzen besonderes Hinschauen erfordern, ist höchst unterschiedlich. Für gewöhnlich sind Arten, die schon als kleine Sämlinge tiefe Pfahlwurzeln treiben und daher schwer zu entfernen sind, solche Kandidaten. Dazu zählen sämtliche trockenheitsverträgliche Arten, die auf diese Weise ihre Widerstandskraft entwickeln, aber auch zweijährige, rosettenbildende Stauden können zu Problemen führen, wenn sie ihre riesigen Blattbüsche mitten in anderen Pflanzen platzieren und diesen das Licht nehmen. Auf nährstoffreichen Böden verwandeln sich aber sogar ganz gewöhnliche Kugellauche (*Allium aflatunense* und andere) durch Aussaat zur Plage, während auf leichten Böden über Jahrzehnte kein einziger Sämling durchkommen wird.

BEETE ÜBER JAHRE HINWEG ERHALTEN

Staudenwiesen leben von Veränderung. Es ist also normal und durchaus im Rahmen, dass sich ihre Artenzusammensetzung über die Jahre hinweg ändert und sich den Bodenbedingungen und vielleicht verändernden Lichtsituationen anpasst. Eingriffe dürfen in dieser Phase aber durchaus erfolgen. Falls Sie beispielsweise, wie die Autorin, Klatsch-Mohn als Bestandteil von Beeten schätzen, so spricht nichts dagegen, jährlich im Sommer mit Saatgut nachzuhelfen oder bewusst Freiflächen zu schaffen, um Platz für Aussaat zu bieten. So wie immer im Garten ist erlaubt, was Ihnen gefällt, und falls Sie an eine Pflanze Ihr Herz verloren haben, diese aber immer wieder aus dem Beet verschwindet, so ist es durchaus legitim, sie regelmäßig zu ergänzen. Solche Tätigkeiten sollten aber immer nur freiwillig erfolgen und eine gut geplante Staudenwiese sollte in der Lage sein, über einige Jahre hinweg auch ohne strukturelle Veränderungen von außen Freude zu bereiten.

WENN'S NICHT SO LÄUFT ...

So wie bei anderen Beeten können auch in Staudenwiesen nach einigen Jahren größere pflegerische oder gestalterische Eingriffe notwendig sein. Das kann einerseits an den verwendeten Pflanzen selbst liegen, die sich als wüchsiger als geplant herausstellen und denen Einhalt geboten werden muss, oder andererseits an einer Altlast aus einer vorherigen Bepflanzung oder einem neu aufgetauchten, invasiven Unkraut, das entfernt werden muss. In allen Fällen ist es empfehlenswert, den Befall realistisch einzuschätzen und abzuwägen, ob ein Eingriff tatsächlich notwendig ist.

Ausnahmen, die rasches Handeln erfordern, gibt es natürlich immer: Falls unerwünschte Pflanzen das Beet zu überwuchern drohen, ist ein früher Eingriff immer besser als zu langes Zuwarten. So können Sie sich langsamer entwickelnde Stauden noch retten, ehe diese verlorengehen. Manchmal sind solche wüchsigen Pflanzen noch von der vorherigen Anlage übrig, hin und wieder schleppt man sie mit Erde, Topfsubstrat oder anderweitig ein. So kann sich in neu aufgebrachtem Sand Schachtelhalm verstecken, den Sie unbedingt sofort entfernen sollten, um eine unumkehrbare Invasion zu unterbinden.

Hin und wieder reagieren eingeplante Stauden auch anders, als man das von ihnen erwarten würde. In solchen Fällen kommt es auf die betroffene Art an, ob ihr Wachstum als im Rahmen oder doch schon als besorgniserregend einzustufen ist. So tendieren Astern im ersten Jahr auf neuem Boden häufig zu enormem Ausläuferwachstum, das sich jedoch nach dieser einen Saison rasch einbremst. Hier würde panisches Jäten der natürlichen Gleichgewichtsfindung vorgreifen. Andere Stauden „laufen" ganz planmäßig durch andere hindurch, sind aber schlank genug, um keine Schwierigkeiten zu machen. *Artemisia ludiviciana* 'Silver Queen' etwa schlängelt sich mit Ausläufern zwischen andere Pflanzen, ohne diese zu bedrängen. Eingriffe sind nur auf nährstoffreichen Böden notwendig, wo sie für manche Nachbarn zu kräftig werden kann.

GELASSENHEIT KANN HELFEN

Sogar manche als Plage empfundene Unkräuter entpuppen sich im Nachhinein als kleineres Problem, als man im ersten Moment annehmen würde. So kann sich Giersch, der sich in Beete mit hohen, robusten Stauden einschleicht, meist nur im Frühling behaupten. Wer es realisieren kann, ihn einmal im Frühling und ein weiteres Mal zur Blüte möglichst vollständig abzureißen, gibt den Stauden rundherum ein Zeitfenster, innerhalb dessen sie sich problemlos entwickeln können. Im Sommer wird vom Giersch nichts mehr zu sehen sein, weil die Nachbarpflanzen ihn überwachsen haben und er aufgrund des Lichtmangels langsam verschwindet. Zwar wird er im Frühling wieder erscheinen, aber es gilt abzuwägen, ob jährliche Abreißeinsätze nicht das kleinere Übel sind – verglichen mit dem Aufnehmen aller Stauden, dem akribischen Durchjäten des Bodens und der schier unmöglichen Aufgabe, alle Gierschwurzeln aus den bestehenden Stauden zu entfernen. Wer ein Beet wirklich nachhaltig gierschfrei haben möchte, muss Pflanzen und Boden vollständig entfernen und diese entsorgen – also eine Neuanlage pflanzen.

Notwendig sind Eingriffe immer dann, wenn eine Pflanzengemeinschaft zu kippen droht. Es erfordert etwas Übung, kleinere Schwankungen, wie die starke Aussaat einer Pflanze, die später wieder verschwinden wird, von problematischen Entwicklungen zu unterscheiden. Man fährt aber meist ganz gut damit, in den ersten drei Jahren einer Pflanzung ein Auge auf starke Vermehrung zu haben und ganz einfach punktuell zu jäten.

Die rosettenbildenden zweijährigen Pflanzen sind genau so ein Fall: Es ist absolut begrüßenswert, wenn Königskerzen, Karden und Fingerhüte in großer Zahl auftauchen – aber sie können langsam wachsende, erst in Entwicklung befindliche Stauden ganz empfindlich beeinträchtigen oder sogar zum Absterben bringen, wenn Sie zu spät zur Rettung eilen. Hier ist es also gut, mindestens zweimal im Jahr – einmal im April / Mai für die Frühlingskeimer und dann noch einmal im Juli / August – alle Pflanzen im Beet zu „besuchen" und zu kontrollieren, ob ihnen genug Platz zur Entwicklung bleibt. Später wird das nicht mehr notwendig sein, aber so ersparen Sie sich den bedauerlichen Fund verwaister Staudenetiketten im nächsten Frühling.

Und dann gibt es noch jene Fälle, die alle Gartenfreunde kennen: Sie pflanzen etwas und es verschwindet einfach. Wer nun gerne Ursachenforschung betreibt, kann mit manchen Pflanzen und dem Versuch, sie in einem Garten zum Bleiben zu überreden, Jahre verbringen. Manchmal ist es einfach nur der Standort oder die einmalige ungünstige Witterung oder ein unentdeckter Schädling. Und manchmal, so ärgerlich es ist, bleiben Pflanzen einfach so weg, ohne erkennbaren Grund. Wenn das Problem nicht zu oft auftritt und dann Ursachen im Boden zu vermuten wären, ist Gelassenheit die beste Wahl: Nicht alles wächst überall und manches dafür besonders gut. Gerade Staudenwiesen, die mit ihrer Dynamik Lücken rasch auffüllen, sind hier ein gutes Konzept, um trotz solcher gelegentlicher Misserfolge erfreuliche Pflanzungen zu erhalten.

Schmetterlinge fallen meist nur dann auf, wenn sie an Blüten sitzen. Doch wesentlich für ihre Verbreitung ist das Vorkommen der Raupenfutterpflanzen – im Fall des Hauhechel-Bläulings verschiedene Klee-Arten, weshalb er rund um natürliche Wiesen häufig ist.

EIN PAAR GEDANKEN ZUR ÖKOLOGIE

Es ist mittlerweile längst im Bewusstsein der meisten Gartenfreunde angekommen, dass ihre Beete und Anlagen nicht nur ihnen Freude bereiten, sondern auch für die Tiere der Umgebung einen wertvollen Lebensraum darstellen. Dieser Verantwortung sollten Sie sich daher auch bewusst sein, wenn Sie bei der Neuanlage eines Gartens oder der Planung eines Beets über den Pflanzenlisten brüten. Denn obwohl kein Garten naturbelassene Areale, eine verantwortungsbewusste Landwirtschaft und extensiv genutzte Landschaften ersetzen kann, so birgt die schiere Menge an Gärten doch ein enormes ökologisches Potenzial. Aus diesem Grund wäre es wünschenswert, bei der Auswahl der Pflanzen ihre Insektenfreundlichkeit im Hinterkopf zu behalten und vor allem auch heimische Arten in die Beete zu integrieren.

Diese helfen den Spezialisten unter den heimischen Insekten, die nicht wie die Honigbiene an beliebigen Blüten nach Nektar und Pollen suchen können, sondern auf das Vorkommen ganz spezieller Arten angewiesen sind. Gerade bei den Wildbienen ist der Anteil an spezialisierten Arten groß: Etwa ein Drittel der heimischen Arten – je nach Region sind das mehr als 300–450 Arten – sind auf eine Pflanzenfamilie oder sogar eine spezielle Art angewiesen, um die Brut mit Nahrung versorgen zu können. Für sie macht es einen großen Unterschied, welche Arten wir in unseren Gärten verwenden. Ähnlich sieht es bei den Schmetterlingen und anderen Insekten aus.

Neben der Verwendung geeigneter Futterpflanzen spielen auch die Bearbeitung und der Schnittzeitpunkt der Beete eine wesentliche Rolle. Vor allem ungestörte Ecken sind in Gärten wertvoll und werden nicht nur von Insekten, sondern auch von allen anderen Tieren benötigt. Der Schlüssel zu hoher Artenvielfalt ist deshalb ein möglichst unterschiedliches Lebensraumangebot: Deckungsreiche Ecken sollten in Gärten ebenso ihren Platz finden wie besonnte, wenig bewachsene Freiflächen. Wer dann noch eine lockere Steinschichtung und zwei Totholzhaufen – einen in der Sonne und einen im Schatten – unterbringt, hat schon einiges für die Umwelt getan. Falls Sie Platz haben, können Sie natürlich immer noch weiter optimieren. Besonders hilfreich sind naturbelassene, magere Wiesen, die nur ein oder zweimal im Jahr gemäht werden und Hecken aus heimischen Gehölzen (vor allem Weiden, Faulbaum, Holunder, Pfaffenhütchen, Weißdorn, Traubenkirsche, Wildrosen).

SELBST KLEINSTE HILFEN LOHNEN SICH!

Entscheidend ist, dass selbst kleine Maßnahmen Hilfestellungen bieten. Sie müssen daher weder den gesamten Garten auf heimische Arten umstellen noch jede Ecke des Gartens bis in den Spätwinter stehen lassen. Häufig führen auch kleine Umstellungen zu ersten Erfolgserlebnissen und machen Lust, mehr für die heimische Tierwelt zu unternehmen. So ist es ein erster Schritt, einmal genau hinzuschauen und zu beobachten, was im Garten so alles kreucht und fleucht. Ein guter Einstieg ist die Pflanzung beliebter Stauden (siehe Infokasten). Wenn Sie übers Jahr hinweg immer wieder auf Tiere achten, werden Sie rasch merken, wie viele Blütenbesucher sich über das Angebot freuen, – und vielleicht sogar auf den Geschmack kommen und das Angebot gerne erweitern und vertiefen.

Im Nahrungskreislauf sind aber Insekten nur ein Teil: Von Samenständen, die den Winter über stehenbleiben dürfen, profitieren genauso Vögel, die dann im Frühling gerne auch die Blattläuse nehmen und uns damit eine aktive Hilfe sind. Staudenwiesen in sonnigen Lagen, die mit Steinen, Mauern oder Holz gestaltet sind, bieten auch Eidechsen Unterschlupf, die auf sonnige Lagen und katzensichere Verstecke angewiesen sind. Unter Holz verstecken sich genauso Amphibien wie Kröten und Molche, in dichten Gräserhorsten übernachten gern Igel. Selbst in sehr urbanen Gärten finden sich oft schon nach kurzer Zeit Tiere ein – wenn genügend Versteckmöglichkeiten und ungestörte Bereiche für sie eingeplant werden, bleiben sie auch. Diese Chance auf Artenschutz sollten Sie sich im Zuge einer Gestaltung mit Staudenwiesen nicht entgehen lassen.

Pflanzenfamilien, die für Insekten besonders großen Nutzen darstellen (Auswahl)

- *Allium* (*Lauchgewächse*)
- *Apiaceae* (*Doldenblütler*): *Angelica, Anthriscus, Cnidium, Daucus, Eryngium, Foeniculum, Meum, Peucedanum, Seseli*
- *Asteraceae* (*Asternartige*): *Anthemis, Centaurea, Cichorium, Cirsium, Echinops, Helianthus, Inula, Onopordum, Tanacetum*
- *Boraginaceae* (*Borretschgewächse*): *Alkanna, Anchusa, Borago, Cynoglossum, Echium, Nonea, Pentaglottis*
- *Campanulaceae* (*Glockenblumengewächse*): *Adenophora, Campanula* (*ungefüllte Sorten*), *Platycodon*
- *Dipsacaceae* (*Kardengewächse*): *Cephalaria, Dipsacus, Knautia, Scabiosa, Succisa, Succisella*
- *Fabaceae* (*Schmetterlingsblütenartige*): *Baptisia, Coronilla, Galega, Genista, Lathyrus, Lotus, Melilotus, Ononis*
- *Lamiaceae* (*Lippenblütler*): *Agastache, Ballota, Dracephalum, Lamium, Leonurus, Marrubium, Nepeta, Origanum, Phlomis, Salvia, Stachys, Thymus*
- *Malvaceae* (*Malvengewächse*): *Alcea, Althaea, Kitaibela, Lavathera, Malva, Sidalcea*

Zauneidechsen brauchen (katzensichere) Verstecke und sonnige, warme Stellen mit lockerer Erde und nahgelegener Deckung. Ein paar Stücke Holz mitten im Beet sind schnell bereitgestellt und sind ideal für ein Sonnenbad, hier hat sich sogar ein Paar gefunden.

Hanfblättriger Eibisch und Staudenknöterich ergänzen sich perfekt und blühen beide vom Beginn des Sommers bis weit in den Herbst hinein.

BEST PRACTICE – GESTALTUNGEN MIT STAUDENWIESEN

Wie die Idee der Staudenwiese in die Tat umgesetzt wird, kann ganz unterschiedlich aussehen. Dieses Kapitel zeigt die gärtnerische Vielfalt und gibt einen Einblick, welche Möglichkeiten diese Art der Staudenverwendung bietet. Jeder Garten und jede Pflanzung können für Sie eine Inspiration sein, auf deren Basis Sie eigene Zusammenstellungen entwickeln – ganz so, wie Sie sich das für Ihr Beet und Ihren konkreten Standort vorstellen.

Ihnen gefällt eines der Gestaltungsbeispiele besonders gut? Dann finden Sie hier bzw. über den QR-Code alle in den einzelnen Gestaltungsbeispielen verwendeten Pflanzen im Detail: www.ulmer.de/wilde-wiesen
Nutzen Sie die Listen, um die Gestaltungsbeispiele für Ihren Garten zu adaptieren oder nach Ihren Wünschen zu modifizieren.

Schon im zweiten Jahr nach der Pflanzung haben sich einige Stauden soweit ausgebreitet, dass ein natürlicher Wieseneindruck entstanden ist (*Seseli osseum*, *Origanum vulgare*, *Ononis spinosa*, *Dianthus carthusianorum* und im Vordergrund Alpen-Steintäschel).

FILIGRANER KIESGARTEN AM ALPENRAND

Außergewöhnliche Stauden in einer trockenheitsverträglichen Wiese

Im Garten der Autorin gab es schon immer Staudenwiesen – aber vor allem höhere, üppigere. Aus dem Wunsch nach einer niedrigen, trockenheitstoleranten Pflanzengesellschaft entwickelte sich ein Beet, das übers ganze Jahr hinweg der Lieblingsort im Garten ist.

Staudenwiesen müssen nicht immer hohe, im Wind wogende Pflanzungen sein. Sie können sich auch einfach von Magerrasen oder dem eher kargen Bewuchs der mediterranen Macchie inspirieren lassen. Bei der hier beschriebenen Fläche war es der Wunsch nach einer niedrigen, blütenreichen und insektenfreundlichen Fläche, die Platz für Stauden bieten sollte, die im nährstoffreichen Boden dieses Gartens nicht so recht gedeihen wollten – und aufgrund der hohen Niederschlagssummen vor allem im Winterhalbjahr oft mit Nässe zu kämpfen hatten. Im oberösterreichischen Alpenvorland, wo sich der Garten der Autorin befindet, liegt der Jahresniederschlag bei rund 1000 mm, der gehäuft im Herbst und Winter auftritt. Winterliche Schneelagen sind dabei möglich, aber längst nicht mehr die Regel und Kahlfrost bis zu −20° C kommt alle paar Jahre einmal vor. Während Arten der heimischen Magerwiesen und auch alpine Stauden mit diesen Bedingungen meist gut klarkommen, sind Pflanzen aus dem Mittelmeerraum oder den Steppen des kontinentalen Ostens weniger gut auf nasse Böden zu sprechen, die häufig durchfrieren und in Wärmeperioden auftauen.

Daher lag eine Bodenveränderung nahe, um den Wunsch nach einer mageren Staudenwiese realisieren können. Als Fläche wurden etwa 70 m^2 in sonniger Lage abgesteckt, die bis dahin mit einer landwirtschaftlich genutzten, zweimal jährlich gemähten Blumenwiese natürlicher Entstehung bewachsen war. Die oberste Schicht des Bodens wurde mitsamt dem Bewuchs händisch abgetragen; einerseits, um vorhandene Wurzeln und möglichen unerwünschten Bewuchs im Beet zu verhindern, andererseits auch, um den Nährstoffeintrag in die neue Fläche zu verringern. Die verbleibende Humusauflage war etwa 20–30 cm dick und wurde zweifach gefräst, um eine möglichst krümelige Struktur zu erhalten, die sich später mit dem aufgetragenen Schotter besser vermischen ließ. Der weitere Untergrund des Beets gestaltet sich durchlässig, da sich Moränenschotter, durchzogen von einigen dünnen Lehmhorizonten, bis auf eine Tiefe von 80 m fortsetzen – mit Staunässe war daher nicht zu rechnen. Danach wurde der Splitt aufgetragen. Es handelte sich um Kalkschotter aus dem örtlichen Kieswerk, der in einer Dimension von 0–16 mm auch zum Betonieren verwendet wird. Wesentlich war der Umstand, dass kein Lehm enthalten war, da dieser zu Verklebung und Verdichtung tendiert und selbst bei kleinen Beimengungen zu kraftaufwendigeren Bearbeitungsbedingungen bei der Bepflanzung und erschwertem Wurzelwachstum der Pflanzen geführt hätte.

Das Material konnte direkt auf die Fläche gekippt werden, von wo aus es mit einem Minibagger verteilt und mit dem krümeligen Humusuntergrund sorgfältig vermischt wurde. Je nach Geländemodellierung – auf der Fläche wurden zwei kleine Hügel angelegt – war das Mischverhältnis der beiden Materialien etwa 50:50, wobei ein zufällig höherer Splittanteil meist belassen wurde. Anschließend wurde die gesamte Fläche per Hand nachgerecht und die Oberfläche geglättet.

Im Juni übernimmt der Wollige Fingerhut (*Digitalis lanata*), der von Wollbienen geliebt wird. Da er zweijährig ist und nur wenige Rosetten den Rhythmus überspringen, erblüht das Beet jedes zweite Jahr auf diese prachtvolle Art und Weise.

Im südlichen Teil des Beets blühen hohe Katzenminze, Echtes Labkraut, *Erodium × manescavii* und ein toller hoher Milchstern (*Ornithogalum magnum*). Dazwischen sorgt *Achnatherum calamagrostis* für Wiesenstimmung.

Eine wunderbare Entdeckung im Zuge dieses Beets waren die Gartensorten des Schnittlauchs, die mit Üppigkeit als Hingucker punkten. Hier beginnt 'Forescate' Anfang Mai zusammen mit den Kartäuser-Nelken zu blühen.

PFLANZUNG IM HERBST

Im Spätsommer konnte schließlich mit der Bepflanzung begonnen werden. Im Gegensatz zu einer Frühjahrspflanzung überwogen auch bei dieser Anlage eindeutig die Vorteile, da das anfängliche Eingießen aufgrund der kürzer werdenden Tage länger vorhielt und zudem Zwiebeln von Frühjahrsblühern gleich mit eingepflanzt werden konnten. In durchlässigen Böden halten sich zudem die Winterausfälle auch bei heiklen Pflanzen in Grenzen, wobei hier ein langer, warmer Herbst von Vorteil ist, da den Stauden somit mehr Zeit bleibt, tiefes Wurzelwerk zu bilden.

Für die Anordnung der Pflanzen gab es keinen detaillierten Plan, wohl aber Notizen zu Pflanzengruppen, die gemeinsam verwendet werden und sich im Beet öfter wiederholen sollten. In diesem Zusammenhang galt es, einige Ideen zu berücksichtigen, die Grund für die Anlage gewesen waren: Ein Kriterium etwa war die Verwendung niedriger Pflanzen, sodass keinerlei Höhenstaffelung notwendig werden sollte. Ausgehend von diesem flächigen Wuchs wurden zahlreiche Gräser eingeplant, um den Charakter der Wiese noch stärker zu betonen. Wesentlich trug dazu auch die Auswahl der Pflanzen bei: Fast alle sind Wildarten, die mit kleinen Blüten und eher lockerer Wuchsform natürlich und verspielt wirken. Der damit erzielte luftige Eindruck sollte durch das graue Blattwerk einiger Pflanzen noch weiter verstärkt werden, daher waren an mehreren Stellen im Beet verschiedene Arten von Beifuß (*Artemisia*) eingeplant, außerdem Heiligenkraut (*Santolina*), Katzenminze und verschiedene Nelken.

Bestimmte Farbkombinationen mit den Blütenfarben wurden nicht festgelegt, eher sollte das Beet bunt und abwechslungsreich aussehen, weshalb auch gelbe und orangeblühende Stauden ganz bewusst eingestreut wurden. Eine Veränderung der Pflanzung innerhalb des Jahreslaufs und auch über mehrere Saisonen hinweg wurde dabei nicht nur in Kauf genommen, sondern mit der Verwendung aussäender Pflanzen auch direkt provoziert. Als Ausgangsmaterial dienten dabei Pflanzen, um einen blühenden Grundstock für die erste Saison zu haben. Die Überlegung war, dass sich passende Arten dann aussäen würden und so von selbst eine lockere, natürliche Bepflanzung entstehen könnte.

Von den verwendeten Arten erwiesen sich besonders die Kartäuser-Nelke (*Dianthus carthusianorum*), Lein (*Linum perenne, L. austriacum*), Wolliger Fingerhut (*Digitalis lanata*) und Atlas-Mohn (*Papaver atlanticum*) als aussähfreudig und über die Jahre hinweg bestandsbildend. Außergewöhnlich schön ist das Zusammentreffen von Kartäuser-Nelke und Lein, da beide schon ab Mitte Mai für flächendeckende Farbe sorgen und dabei doch zart genug sind, um sie zwischen anderen Stauden tolerieren zu können. Lediglich bei sehr kleinen Stauden kann die Nelke aufgrund ihrer dichten Blattbüschel und der doch sehr reichen Aussaat zu Problemen führen. Sie lässt sich jedoch im Frühling problemlos jäten.

FAZIT NACH FÜNF JAHREN

Mittlerweile besteht die Pflanzung seit mehr als fünf Jahren. Sie ist rund ums Jahr eine Freude, was vor allem daran liegt, dass durch den niedrigen Wuchs der meisten Stauden unterm Jahr keine größeren Eingriffe notwendig werden und trotzdem von Februar bis in den Spätherbst Blüten erscheinen. Das ist einerseits dem üppigen, ganz nach Plan verlaufendem Wachstum zu verdanken, das kaum Platz für ungewollten Aufwuchs bietet. Allerdings kommt es bei den beetinternen Pflanzen zu reicher Aussaat, was sich mit einer dickeren Mulchdecke (hier wurden nur etwa 2–3 cm Splitt aufgetragen, was für eine Keimung kaum bremsend wirkt) aber einfach steuern ließe. Andererseits vermittelt der wiesenhaften Eindruck, den das Beet nun tatsächlich ausstrahlt, schon ab April eine sehr positive Stimmung, die den betroffenen Gartenteil enorm aufwertet.

Konkrete Arbeiten beschränken sich im Wesentlichen auf einen Rückschnittdurchgang im Vorfrühling, bei dem das anfallende Material entfernt wird und erste Jäteingriffe durchgeführt werden. Aufgrund des späteren Austriebs vieler Stauden erfolgt im April ein zweiter, detaillierterer Durchgang, bei dem manche Stauden verkleinert, zu üppige Sämlingsteppiche von etwa Kartäuser-Nelken ausgedünnt und die Kanten zum Rasen neu gestochen werden. Im Zuge dieser Arbeiten erfolgt auch eine Ausbesserung der abschließenden Splittschicht, wobei dieser Arbeitsschritt noch leichter in den Wintermonaten durchgeführt werden kann, da dann nicht auf etwaige Austriebe geachtet werden muss.

Betrachtet man das Beet übers Jahr hinweg, ist vor allem auffällig, dass der eigentlich dominierende Kies nun kaum mehr zu sehen ist. Schon im Frühling verdecken ihn der Austrieb der Traubenhyazinthen und der teilweise wintergrünen Kartäuser-Nelken, später schließen Ausläufer der silbernen Beifuß-Sorte 'Valerie Finnis' letzte Lücken. Bereichernd ist das Beet auch durch seine Blütenfülle, die mit den Netzblatt-Iris im Februar

Ein bunter Traum ergibt sich im Juni aus Knolliger Seidenpflanze, Echtem Labkraut, Weißer Lichtnelke, Silbrigblättrigem Heiligenkraut, Katzenminze und Wolfsmilch (*Euphorbia seguieriana* subsp. *niciciana*).

Um den Wieseneffekt zu verstärken, wurden viele kleinteilige, zartblättrige Stauden wie der Bergfenchel verwendet. Die silbernen Samenstände des Alpen-Steintäschels passen perfekt dazu.

beginnt und mit Wildtulpen (*Tulipa clusiana*, *T.* 'Peppermint Stick', 'Lady Jane' und weiteren) im April einen ersten Höhepunkt erreicht.

Ab Mai ist das Beet stets der bunteste Bereich des Gartens, da die niedrigen Wiesenpflanzen im Verhältnis zu ihrer Blattmaße besonders viele Blüten produzieren. Neben Massenblühern wie den schon erwähnten Selbstaussäern sind im gesamten Beet einige fernwirksame Solitärpflanzen verteilt, die aus den verwobenen Blüten des Beets aufragen und interessante Kontraste bieten. Im Mai wären das einige Kultursorten des Schnittlauchs, von denen besonders der rosa 'Forescate' und der weiße 'Wallington White' erwähnenswert sind. An einem Ende des Beets hat sich nach anfänglichem Zögern die Indigolupine (*Baptisia australis*) zu einer prächtigen Staude entwickelt. Sie steht in Gesellschaft einer Felsen-Augenwurz (*Athamanta turbith* subsp. *haynaldii*), eines pinkfarbenem Reiherschnabels (*Erodium × manescavii*) und wird von Katzenminze umspielt.

Im Frühsommer wird das Beet mit einem Mal bunt. Das liegt vor allem an der mehrfachen Verwendung der orange blühenden *Asclepias tuberosa*, die zusammen mit blauem Lein (*Linum austriacum*, *Linum perenne*), Katzenminze (*Nepeta × faassenii* 'Walker's Low') und dem Grüngelb von *Galium verum* und *Euphorbia seguieriana* subsp. *niciciana* zum Leuchten gebracht wird. Etwa zur Sonnenwende schließt die Wolfsmilch-Hybride 'Abbeydore' an, deren Blüten im Vergleich zu anderen Arten etwas mehr ins Gelb gehen und die den ganzen Sommer über ihre Farbe behalten. Gelb blüht auch das Ginster-Leinkraut (*Linaria genistifolia*), eine heimische Wildstaude, die von Hummeln geliebt wird und von Mai bis in den Sommer hinein an langen, aufrechten Blütenständen zitronengelbe Akzente setzt.

Für Wiesenatmosphäre sorgt außerdem *Seseli osseum*, ein zarter Doldenblütler mit ganz feinem Laub, der sich moderat aussät und wie ein feiner Schleier zwischen den Pflanzen schwebt. Er passt ganz hervorragend zu den zarten Blüten der dunkelblättrigen Verbene (*Verbena officinalis* var. *grandiflora* 'Bempton'), die sich jedoch reich aussät und daher nur in sandigen Böden gepflanzt werden sollte, wo sie auch wirklich leicht gejätet werden kann. Ähnlich verhält es sich mit *Salvia verticillata* 'Hannays Blue', einer wertvollen Insektenpflanze, die an den nährstoffreicheren Rändern des Beets jedoch stark aussamt und sich dort schon als winzig kleine Pflanze vehement in den Boden krallt.

Später im Herbst sorgen einige Astern (*Aster novae-angliae* 'Purple Dome' und Sämlinge, die bleiben durften) zusammen mit Gräsern für Farbe. Weil viele der früher blühenden Stauden einen ansprechend halbkugeligen Habitus aufweisen, ist das Beet auch im Winter eine Augenweide – besonders, wenn Raureif die zarten Halme betont.

WAS ANDERS BESSER WÄRE

Im Nachhinein würde dem Beet eine dickere Kiesmulchschicht guttun und außerdem eine Art „Burggraben" aus feinem Sand, sodass Rasen nicht so leicht ins Beet wachsen und Stauden aus anderen Gartenteilen in den Randbereichen weniger gut keimen würden. Abgesehen von den dort notwendigen Eingriffen ist das Beet auch nach fünf Jahren noch pflegeleicht. Natürlich gab es auch einige Verluste: So sind die ursprünglich gepflanzten *Nasella*-Exemplare schon im zweiten Winter verlorengegangen und ihre Sämlinge brauchten drei Saisonen, um zu sichtbaren Pflanzen heranzuwachsen. Ähnlich geht es den *Santolina*-Arten, die in kalten Wintern stark zurückfrieren und dann unter Umständen ein ganzes Jahr brauchen, um sich wieder zu erholen. Andere Pflanzen kamen offenbar mit dem Untergrund nicht klar: *Ratibida columnifera* konnte sich nicht etablieren, genauso, wie es den meisten *Echinacea*-Arten trotz des hohen Niederschlags zu trocken und wohl auch zu nährstoffarm wird. Bestens entwickelt und auch schon reichlich ausgesät hat sich dagegen *Rudbeckia missouriensis*, ein schlanker, gelber Sonnenhut, der gut zwischen andere Stauden passt und dezentes Laub besitzt, das Nachbarpflanzen nicht beeinträchtigt.

Weil es enorm viele Pflanzen gibt, die sich in ein solches Beet gut einfügen würden, ist es immer reizvoll, neue Arten zu ergänzen und ihre Entwicklung zu beobachten. Gut geklappt hat das mit verschiedenen Nelken-Arten, kleinere alpine Trockenkünstler haben sich dagegen als zu wenig konkurrenzstark herausgestellt. Sie sollten besser in noch kargeren Beeten mit ausschließlich niedrigen Nachbarn angesiedelt werden. Gegossen wurde das Beet übrigens in all den heißen Sommern seither noch nie. Auch aus diesem Blickwinkel betrachtet sollte Schotterbeeten in unseren Gärten mehr Raum zugestanden werden.

Im Juni verschwimmen die Grenzen des Beets mit dem Garten dahinter. Dazu tragen auch die Mohnpflanzen bei, die über die Beetgrenzen hinweg unterwegs sind und die einzelnen Gartenteile verbinden. Im Vordergrund begeistern Schnittlauch und Wolfsmilch.

Die Kunst der Gartengestaltung liegt auch darin, zu erkennen, was unbedingt bleiben soll (etwa Gehölze), was entbehrlich ist, welche Blickachsen betont werden sollten und welches Potenzial ein Garten besitzt: Hier der Blick auf den mittelalterlichen Turm und die schöne Holzscheune.

Der neu gestaltete Garten ist kaum wiederzuerkennen: Eine üppige Staudenwiese bringt die Natur zurück. Sträucher, höhere Gräser und Blütenstauden schaffen attraktive und zugleich naturnahe Gartenräume.

URLAUBSGEFÜHLE IM ELSASS

Insektenfreundliche und pflegeleichte Staudenbeete statt Rasen

„Pflegeleicht" soll der Garten heute meist sein. Dass er zugleich auch blütenreich und insektenfreundlich sein kann, beweist diese Gestaltung eines kleinen Hausgartens. Inmitten von summenden Staudenwiesen gibt es hier idyllische Sitzplätze. Eintauchen und wohlfühlen!

Vielleicht sind Sie als Gartenbesitzerin oder Gartenbesitzer an einem Wendepunkt angelangt und es dürstet Sie gerade nach großen Veränderungen in Ihrem Garten. Manchmal ist es nur ein Teil des Gartens, den „man nicht mehr sehen kann" oder man ist voller Tatendrang und möchte den gesamten Garten umgestalten. Erstaunlicherweise gehören oft Rasenflächen zu den heiligen Orten, denen im wahrsten Sinne des Wortes kein grünes Haar gekrümmt werden darf. Dabei gehört der Rasen zu den pflegeintensivsten Flächen. Haben Sie schon einmal ernsthaft darüber nachgedacht, ob Sie den Rasen wirklich brauchen? Im Übrigen mutiert der Rasen trotz Wässern in unseren trocken-heißen Sommern mehr und mehr zur Steppe.

Der Garten, den wir Ihnen hier zeigen, lebt in einer Wochenendbeziehung. Nicht selten muss der Garten mehrere Wochen ohne die Zuwendung seiner Besitzer auskommen. Das sind gute Gründe, um an eine Staudenwiese zu denken, denn sie erträgt es problemlos, auch längere Zeit allein gelassen zu werden, nahezu ohne Gießen, ohne intensive Pflege.

Vor einer großen Umgestaltung sollten wir eine Inventur im Garten machen. Dabei können Sie entscheiden, was wertvoll genug ist, um zu bleiben und was verändert werden sollte. Allzu leichtfertig werden beim Einzug in ein neues Haus samt Garten häufig als erstes alle Gehölze gerodet. Das kann nicht nur ein ökologisches, sondern auch ein gestalterisches Unglück sein. Sträucher und Bäume brauchen viele Jahre oder gar Jahrzehnte, bis sie einen wundervollen Habitus entwickelt haben. Daher wurde ein prächtiger großer Pfeifenstrauch ebenso erhalten wie eine majestätische Rispenhortensie. Auch einige schöne Rosen wurden „verschont". Ein Garten ist ein Natur- und ein Wohnraum, nicht nur für die Gartenbesitzer, sondern auch hoffentlich für viele Vögel, Kleintiere, Insekten und andere Lebewesen. Geschickt gepflanzte Bäume und höhere Sträucher lassen hier (Lebens-)Räume entstehen, schaffen Atmosphäre, spenden Schatten an heißen Sommertagen und blühen vielleicht noch prachtvoll oder tragen gar Früchte.

Wenn wir in uns hineinhören, wie wir unseren Garten erleben möchten, gibt es zum einen ein Bedürfnis nach Offenheit, nach Raum, nach Licht, zugleich aber auch den Wunsch nach Geborgenheit, nach einem Schutz nach außen und – gerade in heißen Sommern – nach Kühle und Schatten. Daher sollten offene Flächen wie ein Rasen, Wiesen oder Beete in einem harmonischen Verhältnis zu bebauten und mit Gehölzen bepflanzten Flächen stehen. Jeder kann für sich spüren, wie viel Offenheit und wie viel Geborgenheit er im Garten braucht. Offenheit braucht es auch bei mutigen Entscheidungen. Die Gartenbesitzer waren hier bereit, ihre Rasenfläche komplett „zu opfern" und eine Bepflanzung mit Stauden zu wagen.

Es ist immer wieder eine kopfzerbrechende und zugleich freudvolle Herausforderung, ein neues Beet oder wie hier einen gesamten Garten neu zu planen. Ihre Visionen von Schönheit, Ihre Wunschbilder, Ihr Bauchgefühl und Ihre Lieblingspflanzen können dabei ebenso in die Planungen einfließen wie die „vernünftigen" und gärtnerischen Überlegungen zum Standort, zur Blütezeit und Pflanzenhöhen. Bei den Farben gab es keinerlei

Im Herbst laufen die Astern zur Hochform auf: *Aster novae-angliae* 'Rosa Sieger' neben dem im Herbst intensiv rot gefärbten *Penstemon* 'Dark Towers', *Sedum* 'Herbstfreude' und *Sesleria autumnalis*.

Schon im August färbt sich *Panicum virgatum* 'Külsenmoor' in rötlich-braunen Tönen. Passend dazu *Gaillardia × grandiflora* 'Burgunder', die bis zum ersten Frost sehr reich blüht.

Beschränkungen in der Planung. Auch das von vielen so ungeliebte Gelb oder gar knalliges Orange durfte verwendet werden. Die neue Staudenwiese sollte insektenfreundlich sein und die Blütezeit sollte über das Jahr gesehen so lange wie möglich dauern. Neben zahlreichen einheimischen Pflanzen wurden auch einige Stauden aus anderen Regionen verwendet, wie die Flammenblume (*Phlox*) oder der Scheinsonnenhut (*Echinacea*).

Eine selbstverständliche Prämisse sollte die Berücksichtigung der Standortverhältnisse eines Gartens sein. Der Bereich der neuen Staudenwiese wird nahezu ganztags von der Sonne beschienen. Der Boden besteht aus einem Sand-Lehm-Gemisch und ist meist frisch. In den heißeren und trockenen Sommermonaten hingegen ist Wasser im Boden spärlicher verfügbar. Selbstverständlich wurden bei der Auswahl aller Pflanzen diese Gegebenheiten berücksichtigt. Neben einem Mindestmaß an Konkurrenzstärke sollten die Pflanzen auch stressresistent gegenüber kürzeren Trockenphasen sein. Der Boden wurde nur mit Bodenaktivator und sehr wenig Kompost belebt und somit kaum gedüngt.

Jeder plant auf seine Weise. Vielleicht haben Sie schon in der allerersten Planungsphase eine bestimmte Palette von Pflanzen im Sinn. Vielleicht haben Sie eine Stimmung oder ein bestimmtes Farbschema vor Augen. In jedem Fall sollten Sie sich auch über das Gestaltungsprinzip Gedanken machen. In diesem Fall wurde die Beetfläche mosaikartig gegliedert. Strukturiert wurde die Fläche durch gezielt angeordnete Solitärstauden (= „Leitstauden") und aufgelockert durch einige, zum Teil selbstversamende Lückenfüller und sogenannte „Pendler" (z.B. Argentinisches Eisenkraut), die bewusst ganz zufällig über die Fläche verteilt werden. Man kann sagen, dass in ein geordnetes Beet eine gute Portion Unordnung eingestreut wird. Diese Dosis darf und soll ganz von ihrem persönlichen Geschmack abhängen. Sie brauchen vielleicht Klarheit, Ruhe und Ordnung (bitte nicht verwechseln mit „ordentlich") oder Sie lieben es frecher, überraschender und wilder. Anarchie in Staudenbeeten ist allerdings nur etwas für ganz mutige und fortgeschrittene Gärtner.

Gerade in kleineren Gärten erscheint es schwierig, zu jeder Jahreszeit – den Winter ausgenommen – blühende Beete zu haben. Häufig gibt es ein Sommerloch im Juli und August, wenn die Rosen und Frühsommerstauden verblüht sind und die Spätsommerstauden noch nicht in die Gänge kommen. Bei jeder Planung empfiehlt sich daher ein „Blütezeitkalender". Hier werden die einzelnen Blütezeiten aller Stauden notiert. Wenn in dieser Auflistung auch noch Blütenfarbe, Höhe und Standortwunsch der

Das Herbst-Kopfgras (im Vordergrund) ist besonders wertvoll, weil es auch im Winter frisch grün bleibt. Aber auch das Lampenputzergras zeigt einen wertvollen Winteraspekt.

Die Farbe Orange ist für mutige Gärtner eine willkommene Zutat. *Kniphofia* 'Mango Popsicle' blüht über Monate, hier mit *Aster × frikartii* 'Mönch', *Aster* 'Schneetanne' und *Coroepsis tripteris*.

Stauden (sprich vor allem Licht- und Wasserbedarf) aufgeführt sind, dann hat man schon sehr professionelle und hilfreiche Unterlagen für die eigene Planung. Die Attraktivität von Beeten wird gewiss nicht nur von Blüten bestimmt. Auch Blätter, ob besonders gefärbt oder von außergewöhnlicher Textur, tragen ebenso zu einem schönen Beet bei wie die Strukturen bzw. das gesamte Erscheinungsbild (Habitus) einer Staude.

GRÄSER – SCHÖNHEITEN AUF DEN ZWEITEN BLICK

Gerade diese Schönheiten auf den zweiten Blick spielten auch in diesem Garten eine besondere Rolle. Dazu gehören die allermeisten Gräser. Kaum eine andere Staude vermag mit ihrer filigranen Erscheinung den Charme einer Wiesenlandschaft so deutlich aufleben lassen. Beim geringsten Windhauch geraten sie in Bewegung. Sie fangen das Licht ein und den Morgentau. Sieben verschiedene Gräser wurden hier verwendet. Jedes hat andere Vorzüge. Eines der Lieblingsgräser des Autors ist das Herbst-Kopfgras (*Sesleria autumnalis*). Dessen Siegeszug in die Gärten ist dem niederländischen Gartengestalter Piet Oudolf zu verdanken, der den gestalterischen Wert dieses Grases erkannt hat. Eine der besten Eigenschaften des Herbstkopf-Grases zeigt sich im Winter, denn als eines der wenigen Gräser bleibt es grün und sorgt damit für Frische und Farbe im eher tristen Wintergrau. *Sesleria autumnalis* ist aber auch während der Saison ein toller Partner in spannenden Kombinationen. Hier wurde dunkellaubiger Bartfaden (*Penstemon digitalis* 'Dark Towers') hinzugesellt.

Ein anderes Lieblingsgras ist das Riesen-Federgras (*Stipa gigantea*). Schon ab Anfang Juni können sich die ersten Blüten zeigen, die wie eine zarte goldene Wolke in etwa 1,5 bis zu 2,5 m über dem Beet schweben. Dieses *Stipa* strukturiert ein Beet und bleibt trotzdem transparent. Allzu schwere Böden oder Staunässe im Winter verträgt es aber meist schlecht.

Unverzichtbar sind für viele Gestalter auch einige Gräser aus der amerikanischen Prärie, allen voran die Rutenhirsen. Es gibt niedrige und sehr hohe Sorten mit unterschiedlichen Blattfärbungen über das Jahr von gelblich über blau-grüne Töne bis hin zu intensiv rötlich-violett gefärbten Auslesen. Allen gemeinsam ist ihre relativ hohe Verträglichkeit gegenüber

Trockenheit, wenn sie einmal eingewachsen sind. Außerdem sind sie in der Regel sehr langlebig. Sie können sie solitär oder in unterschiedlich großen Gruppen verwenden. In diesem Garten haben wir die mittelhohe Sorte *Panicum virgatum* 'Külsenmoor' verwendet, deren Laub sich schon ab Juli wundervoll rötlich-bräunlich verfärbt. Wie fast alle Gräser trägt auch die Rutenhirse zum Winterbild eines Beetes ganz wundervoll bei.

Das Lampenputzergras ist eigentlich keine erste Wahl für die Verwendung in einer Staudenwiese. Zum einen wirkt es etwas exotisch mit seinen großen borstigen Blüten. Zum anderen kann es manchmal etwas steif und unnatürlich erscheinen mit seiner strengen Halbkugelform. Aber gerade dieser Eigenschaft verdankt es seine Verwendung in diesem Garten. An besonderen Beetsituationen, wie am Beetrand, an Weggabelungen oder auch um einige ordnende Ruhepole mitten ins Beet zu setzen, erfüllt es seine Funktion perfekt.

Besondere Höhepunkte im wahrsten Sinne des Wortes können Sie mit Chinaschilf setzen. Auch dieses Gras ist nicht erste Wahl, wenn es darum geht, ein möglichst natürliches einheimisches Wiesenbild zu erzielen. Aber für theatralische Effekte und für ordnende Strukturierung in einem Beet ist es bestens zu gebrauchen. Und die Natur kennt nicht nur die niedrigen und mittelhohen Wiesen, sondern auch die Hochgrasprärie in Nordamerika oder heimische Hochstaudenfluren, in denen auch höhere Gräser wachsen. Nichtsdestotrotz sollten Sie sparsam mit *Miscanthus* umgehen.

Eine natürlich anmutende Wiese zeichnet sich durch eher kleinblütige Pflanzen aus, die aber dafür meist in großer Anzahl vertreten sind. Große Blüten kommen eher selten vor. In diesem Garten haben wir dennoch auf beides gesetzt: auf zarte Blütenwolken, auf viele kleine Blüten, aber auch auf auffällige und größere Blüten, auch in mutigen Farben. Ein Garten ist eben nicht nur eine Nachbildung einer natürlichen Pflanzengemeinschaft, was ohnehin sehr schwer erreichbar wäre. Ein Garten darf auch ein Ausdruck der Lust am Gestalten und Experimentieren sein. Bei manchen sind exotische oder eingewanderte Pflanzen verpönt. Aber es gibt viele Stauden aus anderen Regionen und Kontinenten, die auch ökologische Qualitäten mitbringen, beispielsweise als Pollen- und Nektarspender. Jeder, der den Scheinsonnenhut in seinem Garten kultiviert, kann im Sommer beobachten, wie Scharen von Faltern, Bienen und Hummeln diese Staude besuchen, denen sie als Nektartankstelle willkommen ist. Für die größte Dosis Exotik sorgen hier sicher die Fackellilien, die für viele fremdartig wirken und vielleicht gerade auch deshalb hier gepflanzt wurden. Harmonie im Beet ist der Zucker im Kaffee.

Aber ohne Kontraste, auch ohne die eine oder andere Provokation, fehlen das gewisse Etwas und die Spannung im Beet. Einige neuere *Echinacea*-Sorten mit rötlichen oder orangefarbenen Blütenblättern gehören auch eher in die Kategorie Exotik. Ausgewählt wurden sie als komplementäre Gegenspieler zu den vielen anderen Stauden mit blauen oder violetten Tönen wie Katzenminze, Kugeldistel, Bart-Iris, Blauraute, Skabiose und Storchschnabel 'Rozanne'. Apropos 'Rozanne': Diese Staude gehört zu den sogenannten Langspielplatten im Beet. Sie blüht über mehrere Monate. Auch deshalb wurden der Quirlblättrige Salbei, die Katzenminzen, die nach einem kräftigen Rückschnitt zuverlässig remontieren, oder auch die Präriekerzen eingeplant, die ab Juni bis zum Frost blühen.

GESTALTUNG MIT HARMONIE UND KONTRAST

Wie schon im ersten Teil des Buches beschrieben, spielt die Gestaltung auf der Klaviatur von Harmonien und Kontrasten. Manchmal werden auch bewusst Dissonanzen eingestreut, mit denen Sie aber sehr behutsam umgehen sollten. Harmonie und Zusammenhalt im Beet entsteht auch durch Wiederholung. Daher wurden hier Pflanzengruppen einer Staudenart und Sorte, insbesondere Gräser, im Beet wiederholt. Aber auch die Wiederholung von Farbtönen (orange-gelb von *Kniphofia*, *Echinacea*, *Rudbeckia*) oder von Blütenformen (Schirmform von *Echinacea*, *Rudbeckia*, *Gaillardia*, *Sedum*) verbindet das Beet harmonisch.

Die schon vielgepriesene Dynamik in Wiesenbeeten wurde hier sehr zurückhaltend eingesetzt. Weil die Besitzer ihren Garten nicht regelmäßig besuchen können, könnte eine zu ungezügelte Ausbreitung von Pflanzen insbesondere durch Aussaat für unliebsame Überraschungen sorgen. Dynamik muss man im Blick haben, um notfalls eingreifen können. Nichtsdestotrotz wurden einige sich über Versamung (meist friedlich) ausbreitende Stauden verwendet. Bei der Präriekerze und beim Argentinischen Eisenkraut hat die Selbstaussaat neben dem schönen gestalterischen Aspekt noch einen Überlebensnutzen. Denn diese Pflanzen können in kalten und nassen Wintern ausfallen. So überleben zum Glück meist immer genügend Sämlinge, um ihre Existenz im Beet zu sichern. Auch die Skabiose

Eine neue attraktive, neongelbe Goldruten-Sorte: *Solidago* 'Loysder Crown', zusammen mit der violettblauen Aster *novi-belgii* 'Schöne von Dietlikon' ein spektakuläres Paar.

und die verwendete weiße Variante der Österreich-Königskerze säen sich sehr verhalten und so gut wie nie lästig aus.

Die Hauptblütephasen der ausgewählten Stauden erstrecken sich von Frühsommer bis in den Herbst hinein. Gerade um in der späten Jahreszeit noch viele Blüten zu haben, kommt man um Stauden aus den amerikanischen Prärien eigentlich nicht herum, allen voran die Herbst-Astern. Verwendet wurde hier die Myrten-Aster 'Schneetanne', die sehr gesunde und reichblühende Glattblatt-Aster 'Schöne von Dietlikon' (Nomen est omen) oder die herrlich Blaue Wald-Aster 'Little Carlow' (auch als Schleier-Aster bezeichnet).

Aber auch Gelbtöne gibt es noch im frühen Herbst. Das Hohe Mädchenauge blüht schon ab Juli bis weit in den September hinein. Und eine Lieblingspflanze mit spektakulärer Größe von bis zu 4 m, die Weidenblättrige Sonnenblume, blüht bei milder Witterung noch im Dezember. Ihr filigranes Blattwerk und ihre schmale aufrechte Erscheinung erinnert in den Sommermonaten an die Wasserfontänen von Springbrunnen.

Der Winter darf eigentlich ohne Blüten auskommen. In dieser Staudenwiese wurde jedenfalls darauf verzichtet. In anderen Gartenbereichen bilden zahlreiche Schneeglöckchen regelrechte Teppiche im Winter. Dafür sind es die übrig gebliebenen Strukturen vieler Blütenstauden und Grä-

Zwiebelblumen sind unentbehrlich in einer Staudenwiese für ein blütenreiches Frühjahr. Die großen Bälle von *Allium* 'Globemaster' und *Allium* 'Mount Everest' schweben über dem Beet.

ser, auch einige interessante Samenstände, die wirklich eine ganz eigene Schönheit entfalten, wenn man sich darauf einlassen kann.

Irgendwann muss trotz aller Winterschönheit ein Rückschnitt erfolgen, meist im Februar, spätestens Anfang März. Dann regt sich schon wieder das erste Grün im Beet. Die Spitzen der Zwiebelblumen zeigen sich und allererste Stauden treiben junge Blätter. Zwiebelblumen oder Geophyten sorgen für reichlich Blüten, wenn wir uns am allermeisten danach sehnen: im Frühling. Gepflanzt wurden hier späte einfache Tulpen, z. B. 'Recreado' oder die cremeweiße 'Maureen', kleinblütige Narzissen wie 'Sailboat' oder 'Segowia' und vor allem Kugellauch. Ein nicht ganz preisgünstiges Vergnügen ist die Verwendung von Riesen-Kugellauch (*Allium* 'Globemaster'). Aber es ist bei guten Bedingungen meist eine lohnenswerte Investition fürs Leben. In den meisten Gärten, die vom Autor gestaltet wurden, vermehrt sich 'Globemaster' mit den Jahren. Die gigantischen Blütenbälle werden mit den Jahren etwas kleiner, was aber eher von ästhetischem Vorteil ist. Auch da erweist sich das Herbst-Kopfgras wiedermal als eleganter Pflanzpartner. Wenn Sie Kugellauch großzügig in eine *Sesleria*-Wiese pflanzen, erzeugen Sie mit minimalistischem Aufwand ein spektakuläres Bild.

Einen unerwarteten Wermutstropfen mussten die Gartenbesitzer leider ertragen: Nachdem der Garten bepflanzt wurde und sich die Stauden bestens entwickelten, zeigte sich eine meist gefürchtete Pflanze: der

Den klassisch rosafarbenen Scheinsonnenhut (*Echinacea purpurea*) gibt es auch in gelb- und orangefarbenen Tönen. Leider sind diese nicht immer dauerhaft; hier die großblumige Sorte 'Big Kahuna' umgarnt von Rutenhirse.

Schachtelhalm. Es gibt keine wirklich brauchbare Methode, um Schachtelhalm, auch Zinnkraut genannt, ganz und gar loszuwerden. Man kann im Grunde nur versuchen, mit ihm zu leben, will man nicht drastische Maßnahmen ergreifen und das Staudenbeet ganz neu anlegen. Das stand aber außer Frage. Im ersten Jahr musste sehr eifrig gejätet werden, damit der Schachtelhalm die noch jungen neuen Stauden nicht überwucherte. Im zweiten Jahr konnten die Neuen schon dagegenhalten. Und im vierten Jahr kann man das deutlich schwächer gewordene Zinnkraut sogar fast schon gewähren lassen.

Aber es gibt zum Glück auch sehr Erfreuliches. Die Gartenbesitzer haben Ihr Interesse an Insekten entdeckt. Mittlerweile gibt es eine Fotosammlung hunderter verschiedener Insekten, darunter auch selten gewordene Wildbienen. Die vielfältige Gestaltung mit vielen ökologisch wertvollen kleinen Lebensräumen hat eine ebenso vielfältige Fauna gefördert. Mittlerweile hat die Staudenwiese nach einigen Jahren ein relativ stabiles Zusammenspiel der verwendeten Pflanzen erreicht. Es sind nur selten Eingriffe erforderlich, außer den regelmäßigen aber kurzen Jäte-Gängen. Wie fast immer, auch bei einer noch so sorgfältigen Planung, gibt es einige Stauden, die nach drei bis vier Jahren verschwunden sind. Wenig überraschend, dass als erstes die gelben oder rötlich-gelben Scheinsonnenhüten den Garten verließen.

Viele dieser, zugegeben mitunter sehr hübschen Neuzüchtungen, sind bessere Sommerblumen, von denen man kein langes Leben erwarten sollte. Positivere Erfahrungen mit Dauerhaftigkeit hat der Autor auf kargen, durchlässigen Böden gemacht. Dort kann man es vielleicht wagen, diese sensiblen Schönheiten zu pflanzen. Auch dem Federgras (*Nasella tenuissima*) war es wohl doch zu nass im Winter, obwohl der Boden mit Sand und Splitt durchlässiger gemacht wurde. Man darf diese Verluste ganz entspannt unter „nützlichen Erfahrungen" abbuchen. Denn wer nicht wagt, gewinnt auch nichts.

Jedenfalls funktioniert dieser Garten auch mit einer unregelmäßigen Präsenz der Besitzer. Und ein entspannendes Urlaubsgefühl stellt sich auch bei anderen Besuchern fast immer schon bei den ersten Schritten in diesem Garten ein.

Helenium 'Luc' blüht hier ab Mitte Juni über mehrere Monate in einem Meer von zartem Federgras. Farbliche Kontrapunkte setzen die kerzenförmigen Blüten der lilafarbenen Prachtscharten (*Liatris spicata*). Im Hintergrund wogt *Pennisetum* 'Karley Rose'.

GROSSE BÜHNE FÜR GRÄSER- UND BLÜTENWOGEN

Eine wundervolle Inszenierung von Jaap de Vries auf 3000 m²

Ein außergewöhnlicher, üppiger Staudengarten, der die Dimensionen eines gewöhnlichen Hausgartens weit sprengt, wurde im Norden der Niederlande gestaltet. Jaap de Vries hat hier wogende Gräsermeere mit Wildstauden aus aller Welt eindrucksvoll in Szene gesetzt.

In der niederländischen Provinz Friesland hat Jaap de Vries über 3000 m² große Staudenwiesen geschaffen. Neben den Präriepflanzungen im Hermannshof in Weinheim haben ihn auch die neue naturalistische Gestaltungsweise von Henk Gerritsen in seinem „Priona Garten", die Gärten von Piet Oudolf, der Garten von Ton ter Linden in Ruinen oder der „Jardin de Plume" beeinflusst und begeistert. Hohe Baumreihen umrahmen das Gemälde aus Stauden, das Jaap hier erschaffen hat. Breite geschwungene Rasenwege erschließen die Beete und lassen uns den Garten in immer neuen, wohldurchdachten Blickrichtungen und Perspektiven erleben. Hohe Stauden und Gräser lassen die Besucher manchmal regelrecht im Garten verschwinden.

Es überrascht, wie üppig die Pflanzen auf dem sandigen Boden, der teilweise sogar noch mineralisch abgemagert wurde, gedeihen. Aber die tiefwurzelnden Präriestauden oder andere, trockenheitsverträgliche Pflanzen kommen mit diesen Bodenverhältnissen offenbar gut klar. Vielleicht sorgt der häufige Morgentau in Küstennähe für eine willkommene Extrawasserration in dieser Region.

Größere und sich wiederholende Gruppen von höheren Gräsern (*Calamagrostis × acutiflora* 'Karl Foerster', *Pennisetum* 'Tall Tails') und Blütenstauden (*Eupatorium fistulosum*) sorgen für Ordnung und bilden Ruhepole in dieser wilden Staudenwiese.

Über 100 m lang erstreckt sich die Wiese, die Jaap de Vries gestaltet halt. Neben kleinen, fast unscheinbaren Blüten wie die des Kerzenknöterichs leuchten die gelben Stauden-Sonnenblumen auffällig heraus.

Gleich wohin unser Auge blickt, entdecken wir unzählige Gräser. Manchmal sind sie mit den Stauden gekonnt verwoben, ein anderes Mal dienen sie als transparente Vorhänge, um Beetbereiche subtil voneinander abzugrenzen. Verbotene Farben gibt es hier nicht. Die gesamte Palette von Rot und Gelb bis hin zu Blau und Violett darf sich hier ausleben. Im Sommer erscheinen in den Beeten besonders viele Stauden in Gelb- und Orangetönen. Dazu gehört allen voran die Sonnenbraut, die es in zahlreichen höheren oder niedrigeren Sorten gibt. Eine sei hier besonders gelobt: Die etwa 80 cm hohe *Helenium* 'Sahin's Early Flowerer' startet, wie ihr Name sagt, nicht nur als eine der ersten Ende Juni den Blütenreigen der Sonnenbräute, sondern sie bringt über drei Monate immer wieder neue Blüten hervor.

Viel wichtiger jedoch als spannende Farbkombinationen, von denen es in diesem Garten unzählige gibt, scheint das Zusammenspiel von Blütenformen, von Kerzen (z. B. Kerzen-Knöterich, Duftnessel, Kandelaber-Ehrenpreis, Blut-Weiderich), von Schirmen (Sonnenhüte, Astern, Schön-Aster, Himalaya-Silge) oder kleinen Wolken (Purpurdost, Goldrute, Federgras) zu sein. Aber auch die Pflanzengestalt an sich, deren Blätter, Stiele, Samenstände und vor allem deren Strukturen, ist Teil der geschaffenen Bilder. Einige ausdrucksstarke höhere Stauden ragen an mehreren Stellen des Staudengartens heraus. Manchmal ist es die zitronengelbe Stauden-Sonnenblume 'Lemon Queen' oder auch der hohe Purpurdost. Diese Wiederholungen tun dem Garten gut, sorgen für Ruhepole und gestalterischen Zusammenhalt. Solche hohen Stauden wachsen in der Natur auf frischen bis feuchten Standorten, offenbar „ertragen" sie aber auch den eher trockenen Sandboden.

Dass Gräser unverzichtbar sind im (Natur-)Garten, nicht nur in Staudenwiesen, zeigt sich hier auf ganz vielfältige Weise. Das Reitgras mit der

Eine Symphonie von Gräsern im Morgendunst: Das Riesen-Federgras ist der Star in dieser Komposition neben dem Reitgras, untermalt von Schleiern aus dem „kleinen" Federgras.

Sorte 'Karl Foerster' ist eines von Jaaps Lieblingsgräsern. Es treibt schon sehr früh im Jahr aus und sorgt im Frühsommer für üppig grüne Blattschöpfe. Schon Ende Juni erscheinen seine Blüten, die sich ab August ocker färben. Sie bleiben auch im Winter zuverlässig stehen. Am Morgen und ab dem späten Nachmittag „fangen" die Gräser das tieferstehende Sonnenlicht ein und leuchten oder glitzern dann in den Beeten. Das Reitgras eignet sich besonders als grüner Paravent, straff aufrecht mit Sichtschutzwirkung. Viel leichter und transparent blüht das Riesen-Federgras. Solitär gepflanzt kommt es ebenso „groß heraus" wie in einer Gruppe und im Gegenlicht wirkt es geradezu spektakulär.

Deshalb pflanzen es erfahrene Gärtner so, dass es das Morgen- oder Abendlicht zum Leuchten bringt. In den Hochstaudenwiesen finden sich einige höhere Gräser, wie der Große Blauhalm (*Andropogon gerardii*) aus der Prärie oder das Chinaschilf aus Asien.

Magisch angezogen fühlen sich die Besucher von einer niedrigen Federgraswiese. Dieses Gras braucht es trocken und durchlässig und fühlt sich hier auf Sandboden besonders wohl. Wie dichtes Feenhaar bedeckt es diese wundervollen Beete. Jaap hat in diese Gräsermatrix einige andere Präriepflanzen hineingetupft. Kleine Gruppen der rosafarbenen oder auch weißen Prachtscharte ragen heraus. Der Raue Sonnenhut (*Rudbeckia hirta*) in gelben oder braun-roten Farbtönen lugt zusammen mit orange-gelben Montbretien leuchtend aus dem Gras. Eine wundervolle Kombination, die nicht nur durch die Blüten, sondern auch durch die schwertförmigen Blätter der Montbretien attraktiv wirkt. Der Raue Sonnenhut gilt oft als kurzlebig, hier erhält er sich jedoch über mehrere Jahre, zum Teil durch Selbstaussaat. Die i-Tüpfelchen in den *Nasella*-Wiesen bilden filigran tanzende Blütenfontänen des Afrikanischen Lampenputzergrases (*Pennisetum macrourum*). Leider ist dieses Gras in den meisten Gärten nicht winterhart

***Nasella tenuissima* dient hier als Gräsermatrix, in die Blüten wie auf eine Leinwand getupft werden; hier verwendete Jaap *Rudbeckia hirta* (Rauer Sonnenhut) und *Rudbeckia missouriensis* (Missouri-Sonnenhut).**

und übersteht nur in milden Weinbauregionen manche Winter. Aber auch als Saisonpflanze zusammen mit Sommerblumen wie Dahlien oder Zinnien ist es sicher einen Versuch wert, dieses Gras zu verwenden.

Selbst versierte Gärtner entdecken in den Staudenwiesen immer wieder neue Sorten. Jaap de Vries hatte besonders zu Beginn auf zuverlässige oder auch ihm bekannte Stauden zurückgegriffen. Durch den Besuch vieler Gärtnereien und durch Gespräche mit deren Inhabern lernte er schließlich viele neue Stauden kennen. Die eine oder andere Staude ist vielleicht sogar erst durch die Verwendung in seinem Garten weiter bekannt geworden. Dazu mag eine Goldrute gehören, die mit ihrer schwefel- bis neongelbe Blüte schon weit heraussticht aus den Beeten: Es ist die sehr empfehlenswerte Sorte *Solidago* 'Loysder Crown', die im Übrigen sehr trockenheitstolerant ist. Sie kann auch in einem Kiesgarten gepflanzt werden.

Vielleicht liegt es daran, dass Jaap de Vries viele Jahre als Bühnenbildner tätig war, dass er es so meisterlich beherrscht, mit Pflanzen räumliche Kulissen zu schaffen und sie entweder dramatisch oder auch sehr natürlich zu inszenieren weiß. Bei jedem Schritt und mit jedem Blick entstehen wieder neue Bilder und auch der Verlauf der Jahreszeiten fand bei der Gestaltung des Gartens Beachtung und wird Monat für Monat neu in Szene gesetzt. Für den Garten existiert kein genauer Pflanzplan. Es gab viele Überlegungen, aber auch Intuition und Bauchgefühl. Und wenn sich zeigte, dass die eine oder andere Szene oder Pflanze nicht wie gewünscht funktionierte, wurde umgepflanzt – zur Not auch mitten im Sommer. Neben blockartig gestalteten Flächen, meist mit Hochstauden in größerer Stückzahl je Teilfläche gepflanzt, wurden kleinteilige Wiesen angelegt. Diese sind so stimmig und erscheinen so natürlich, dass man die gestalterische Hand kaum wahrnimmt. Es dürfen sich auch einige „Unkräuter" in den Beeten tummeln, wie das einjährige Berufkraut, das hier nie lästig wird.

Das argentinische Eisenkraut darf sich üppig aussäen und legt violette Schleier über einige Beete. Und wenn es dann immer noch einige Lücken gibt in den Beeten, werden selbstgezogene Spinnenblumen (*Cleome spinosa*) gepflanzt, die bestens mit den Stauden harmonieren. Auch einige Dahlien tauchen hie und da auf.

Wenn die Gräser hier schon für ihre Performance im Sommer gelobt wurden, dann müssen sie im Herbst gerühmt werden. Es gibt einige, die dann zur Hochform auflaufen. Dazu zählt das Diamant-Reitgras (*Calamagrostis brachytricha*), das durch Tau wie mit kleinen Edelsteinen besetzt glitzert. Auch das Chinaschilf blüht erst ab dem Spätsommer, trägt dann aber bis zum Rückschnitt im Februar zum attraktiven Herbst- und Winterbild der Beete ganz entscheidend bei. Viele Stauden, die in diesem Garten verwendet wurden, haben auch im Winter eine sehr schöne Struktur. Und wenn sich dann Reif über die Pflanzen legt, verzaubert die Morgensonne den Garten in eine Glitzerwelt.

Wer seine Beete erst im Spätwinter zurückschneidet wird reich belohnt: Fast alle Gräser und viele Blütenstauden haben einen sehenswerten Winteraspekt in ocker-braunen Farbtönen. Ein Morgen mit Raureif verzaubert die Beete spektakulär.

WINNETOU TRIFFT DSCHINGIS KHAN

Amerikanische Prärie und asiatische Steppen farbenfroh vereint

Bei der Gestaltung einer Staudenwiese sind uns keine Grenzen gesetzt, solange sich die Pflanzen an dem auserwählten Standort wohlfühlen. In diesen Beeten dürfen sich alle Farben austoben und die unterschiedlichsten Blüten miteinander tanzen.

Schon von Weitem fällt dieser Garten auf durch die zahlreichen Gräser, die sich beim kleinsten Windhauch bewegen und somit den ganzen Garten tanzen lassen. 20 verschiedene Gräserarten und -sorten wurden insgesamt verwendet, wobei die höheren Gräser wie *Miscanthus*, *Molinia arundinacea*, *Calamagrostis* × *acutiflora*, aber auch *Spodiopogon sibiricus* besonders prägend sind.

Zwei Beete gibt es, die ab dem Frühsommer in Blüten, Formen und intensiven Farben überquellen dürfen und sollen. Scheinbar wilde Horden amerikanischer Präriestauden und eurasischer Steppenpflanzen galoppieren über das ehemalige Kasernengelände der Gartenschau. Was sich da ungestüm austobt, ist vielleicht auch der jugendlichen Lektüre vieler Karl-May-Bücher zu verdanken, ganz sicher aber unzähligen, inspirierenden Besuchen im Schau- und Sichtungsgarten Hermannshof in Weinheim und den inspirierenden Gesprächen mit dem langjährigen Gartenleiter Cassian Schmidt. Wen wundert es dann, dass diese beiden Beete „Winnetou trifft Dschingis Khan" getauft wurden. Warme Farbtöne von exzentrischem Orange über Gelb und Rot liefern sich Duelle mit kühleren Violett- und Blautönen. Da passt die orangerote *Echinacea* mit dem Sortennamen 'Flame Thrower' (= Flammenwerfer) fast schon etwas makaber in dieses Getümmel. Viele Fackellilien (*Kniphofia*), wie die neuere, von Juli bis Ok-

Sie brauchen nicht immer viele Blüten in einer Staudenwiese. Vielfältige Grüntöne, das zarte Laub von Gräsern (*Sesleria autumnalis*, *Panicum virgatum*, *Miscanthus*) und die markanten großen Blätter der hohen *Rudbeckia maxima* sorgen hier für Spannung.

Alle Farben sind erlaubt und verweben sich hier zu einer filigranen vielfältigen Wiese. Der neonfarbene Goldbaldrian leuchtet im Hintergrund, die Montbretie 'Lucifer' sorgt vorne für Furore neben *Agastache* 'Blue Fortune' und orangenen Fackelilien.

Warme Farbtöne lassen sommerliche Urlaubsgefühle aufkommen: *Achillea* 'Terracotta', *Crocosmia* und der orange-rote Sonnenhut *Echinacea purpura* 'Flame Thrower'.

Viel hilft viel – manchmal: Unzählige weiße Prachtscharten kombiniert mit *Crocosmia* 'Lucifer' und *Verbena bonariensis* vermitteln Üppigkeit und Großzügigkeit in dieser Wiese.

tober dauer-remontierende Sorte 'Mango Popsicle', *Asclepias tuberosa*, *Crocosmia* 'Emily McKenzie' und *Achillea* 'Terracotta' halten die orangefarbene Fahne im Beet aufrecht.

Es gibt viele pfeilförmige Gestalten in diesem Gartenteil: die blauviolette *Agastache* 'Black Adder', die intensiv dunkelblaue *Veronica* 'Dark Maetje', *Verbascum chaixii*, *Liatris spicata* 'Alba', *Salvia nemorosa* 'Caradonna'. Gewagte Akzente wurden dann noch mit einigen südafrikanischen Stauden gesetzt. Neben den bereits genannten *Kniphofia* und *Crocosmia* sorgen Kaphyazinthen (*Ornithogalum candicans*), dunkellaubige Schopflilien (*Eucomis comosa* 'Sparkling Burgundy') und die dunkelste aller Liebesblumen (*Agapanthus* hybr. 'Midnight Dream') für extravagantes Flair. Silberblättrige Stauden, wie die (stark wuchernde) *Artemisia ludoviciana* 'Silver Queen' und weißblühende Stauden verbinden allzu aufregende Farbgegensätze.

Auf den ersten Blick erscheint diese Pflanzung wie eine nach dem Zufallsprinzip ausgelegte, wiesige Mischpflanzung. Tatsächlich wurden etwa 75 Prozent der Stauden nach Plan in Drifts gruppiert über die Fläche verteilt. Wie eine reichliche Menge Pfeffer und Salz wurden darüber teils zufällig, teils mit Bedacht die restlichen Stauden gestreut, darunter auch sich zum Teil stark versamende „Pendler" wie *Liatris spicata* 'Alba', *Coreopsis lanceolata*. Diese Vorgehensweise weicht das strenge Planraster stark auf und führt zu einem sehr natürlich wirkenden Pflanzbild. Eingerahmt werden diese (Stauden-)Wiesen von großflächigen, ordnenden Drifts des schilfartigen Zotten-Raubarts (*Spodiopogon sibiricus*). Da hinein wurden viele rotflammende *Crocosmia* 'Lucifer' eingestreut. Über den bis auf wenige Leitstauden eher niedrigen bis mittelhohen Wiesenstauden schweben violette und neongelbe Blütenwolken: *Verbena bonariensis* und der immer wieder Aufsehen erregende Goldbaldrian (*Patrinia scabiosifolia*).

Selbst im Oktober macht er, längst verblüht, noch eine gute Figur. Für großes Rätselraten sorgte bei vielen Besuchern und selbst Fachleuten eine Staude mit sehr feinen schachtelhalmähnlichen Blättern. Als solche wurde diese auch meist identifiziert, aber auch Farne und Mädchenauge waren im Gespräch. Zum Ende der Gartenschau hatte sich diese Staude in über 3 m Höhe aufgeschwungen und blühte gelb: Die Wedenbättrige Sonnenblume (*Helianthus salicifolius*).

Eine völlig andere Stimmung vermitteln zwei Beete von Harald Sauer, die direkt angrenzen. Eines davon nannte er „Liebesgras und Blauer Ritter". Die Beete stehen für die Leichtigkeit und die Anmut vieler Gräser, für filig-

Die Strukturen der Stauden sind mindestens so wichtig wie die Blütenfarben und -formen. Der Palmlilien-Mannstreu besticht mit seinem prägnanten Habitus und harmoniert bestens mit den igelförmigen Sonnenhut-Blüten.

rane Texturen und zugleich für ausdruckstarke, fast monumentale Strukturen. Blüten und Farben spielen in Harald Sauers Staudenbeeten fast eine Nebenrolle. Lichtstimmungen, Natürlichkeit, Raumwirkungen erzeugen, Großzügigkeit schaffen, Jahreszeiten erlebbar machen, das ist seine Art, die Betrachter in den Bann zu ziehen und zu begeistern.

Starke Kontraste ergeben sich, wenn Zartes und Raues aufeinanderprallen, so wie bei dem Zweiklang des rötlich überhauchten Liebesgrases (*Eragrostis curvula* 'Totnes Burgundy'; Achtung, starke Selbstaussaat) mit dem wehrhaften Mannstreu (*Eryngium × zabelii* 'Blauer Ritter'). Obwohl die Stauden in diesen Beeten in größeren Blocks oder Drifts angeordnet sind, wirken sie, durch geschickte Platzierung, sehr naturhaft und zwanglos. Kein Wunder, der Gräseranteil liegt hier bei fast 25 Prozent. Die feinen Blüten von *Sanguisorba*, *Bistorta*, die *Deschampsia*-Wolken, *Nasella*, *Eragrostis*, auch die schlanken silbrigen Triebe der Kojoten-Weide (*Salix exigua*) legen Schleier in und um die Beete. Sie umspielen kraftvolle Staudengruppen mit *Calamagrostis × acutiflora*, *Echinacea* und *Helenium*. Für Highlights im doppelten Sinne sorgen zwei Solitärgehölze, der kleinblättrige Felsen-Ahorn (*Acer monspessulanum*) und ein dorniger Teufelskrückstock (*Aralia elata*).

Aber auch Großstauden wie *Rudbeckia maxima* und *Aconogonon* 'Johanniswolke' bilden Ankerpunkte in diesen Beeten. Andere besondere Akzente in diesem Gartenteil setzen diverse *Pennisetum*. Als Lichtfänger und Mobiles wirken die Blüten von *Pennisetum orientale* 'Tall Tails', *P. o.* 'Karley Rose' und *P. macrourum*. Letzteres übersteht leider nur milde Winter. Es läuft dann aber zu Hochform auf, die im Hermannshof zu bewundern ist. Eines der vielen „Ahas" in Harald-Sauers-Beeten hat *Sesleria autumnalis* ausgelöst. Das Potenzial dieses wintergrünen Grases weiß er bestens auszuschöpfen. Wenn dunkellaubiges *Penstemon* 'Huskers Red' oder *Teucrium hircanicum* in diese gelbgrüne Grasmatrix eingestreut wird, ergeben sich zauberhafte Bilder über viele Monate hinweg.

Und dann finden sich hier ganz überraschend kleine und große Blütenwindräder: charmante weiße und gelbe Honka-Dahlien und die exquisite, orange-gelbe Sonnenbraut-Sorte 'Loysder Wieck' (Wieck; niederländisch = Windrad). Alles in allem sind diese Beete ein gestalterisches Loblied auf die Eleganz, die Schönheit und die Vielseitigkeit von Gräsern. Und sie machen Ihnen vielleicht Lust, Ihre eigenen kreativen Gräserexperimente zu wagen.

Für diese Beete gab es keinen exakten Pflanzplan, sondern lediglich einzelne „Regieanweisungen" beim Auslegen der Pflanzen. Einige Stauden wurden gruppiert, einige Kombinationen und Plätze wurden zuvor festgelegt. Das Gros der Stauden wurde aber zufällig über die Fläche verteilt.

Urlaubsgefühle zuhause kommen auf in diesem Liegestuhl. Diese Sitzfläche wurde eingebettet in eine artenreiche Pflanzengesellschaft mit vielen Gräsern, gelben Steppenkerzen (*Eremurus stenophyllus*) und gelben „seltsamen" Sonnenhüten (*Echinacea paradoxa*).

STRANDFEELING IN DER PFALZ

Kleine Wohlfühloase inmitten von zarten Gräsern

Was gibt es Schöneres als einen Garten, der Urlaubsgefühle weckt und sie auch stillt. Viele denken dabei an Sonne und Strand. Diese Staudenwiese mit zartem Federgras, in die charaktervolle Trockenkünstler eingestreut sind, macht Lust zum Nachmachen.

Eine Gartenbesitzerin aus der Pfalz, die in ihrem Leben viel auf Reisen war, häufig auch im fernen Afrika, wünschte sich in ihrem Garten Urlaubsgefühle und zugleich auch Geborgenheit. In Gesprächen kam die Idee eines „Strandgartens" auf. Die Sehnsucht nach dem Meer, nach Sonne und Sand muss wohl in unseren Genen liegen. Vielleicht klingt ein Meeresstrand mitten in Deutschland zu weit hergeholt. Da können die Nähe zum Rhein und dessen ausgedehnte Kiesufer als plausiblere Inspirationsquelle für diesen Garten dienen. Außerdem hat der Rhein diesen Garten tatsächlich mitgestaltet. Vor einigen zehntausend Jahren hat der Fluss Sand und Kies in der gesamten Oberrheinebene abgelagert. Zahlreiche Altrheinarme, Kiesgruben und Baggerseen zeugen davon. Der sandige Boden und der tiefe Kiesuntergrund im Garten sind ein Resultat dieser früheren Rheinaktivitäten. Es lag nahe, nicht nur das gestalterische Konzept, sondern auch die Pflanzenauswahl auf die vorgefundenen Gegebenheiten, insbesondere auf den leichten, im Sommer trockenen Boden anzupassen.

Wenn eine Gartenfläche umgestaltet und neu bepflanzt werden soll, stellt sich immer wieder die Frage, was mit dem vorhandenen Boden geschehen soll. Grundsätzlich ist aus ökologischen Gründen die beste Lösung, mit dem Boden auszukommen, den man vorfindet. Je nach Pflanzkonzept ist es aber legitim und sinnvoll, den Boden zu verbessern, vielleicht auch etwas abzumagern oder andere kleinere Eingriffe zu machen. Hier war es nicht der Boden an sich, der dem Gestalter Kopfzerbrechen bereitete, sondern der vorhandene Bewuchs. Dieser bestand aus einem rudimentären Rasen und unzähligen Wildkräutern, die im Laufe vieler Jahre ganz sicher abertausende Samen auf und in dem Boden hinterlassen hatten. In einem solchem Fall ist es nahezu unausweichlich, die oberste Bodenschicht samt Rasen, Wildkraut und Samenbank abzutragen. Dieser Erdabtrag wurde jedoch nicht extern entsorgt. An anderer Stelle im Garten wurde ein Hügelbeet aufgeschichtet, das später als fruchtbares Hochbeet für Kürbis und Co. diente.

Das Gestaltungskonzept des etwa 80 m² großen Strandgartens ist im Grunde einfach erzählt. Eingebettet in leicht aufgeböschte Pflanzflächen sollte es eine runde Sitzfläche und damit auch ausreichend Platz für zwei „Strandliegen" geben. Um das Strandfeeling auch spürbar zu machen, wurden die Sitzfläche und Wege mit feinem Rundkies (2–8 mm) etwa 3 cm hoch abgedeckt. Für Barfußgänger ist das ein sehr wohltuender Wegbelag. Das leise Knirschen des Kieses beim Begehen macht den Strand sogar hörbar. Es empfiehlt sich unbedingt, den Kies nicht einfach auf den vorhandenen Boden aufzubringen. Sonst würde der Weg ganz rasch wieder zuwachsen und bei Regen würde er matschig. Viel besser ist es, unter die Wege und Sitzflächen eine etwa 15–20 cm Schotterschicht (0–32 mm) einzubauen.

Der Aushub für den Schotterunterbau diente dazu, die umliegenden Pflanzflächen leicht zu erhöhen. So mögen diese – mit etwas Fantasie – an leichte Meereswellen oder an eine Dünenlandschaft erinnern. Auch ein Gefühl von Schutz und Geborgenheit kann sich so besser einstellen.

Der zartblaue Röhrenstern und die Katzenminzen sind wichtige Blühstauden von Mai bis Mitte Juni. Zusammen mit Kugellauch (hier *Allium* 'Purple Sensation') harmonieren sie in pastelligen kühlen Farben.

EINE FEDERGRASFLÄCHE ALS BASIS

Die Bepflanzung sollte die gewünschte Atmosphäre wesentlich miterzeugen. Ein strenger gestaltetes oder gar formal bepflanztes Staudenbeet schied daher bei den ersten Überlegungen aus. Die Bilder von Dünenlandschaften inspirierten zu einer luftigen zarten Wiese mit dem Hauptakteur Federgras (*Nasella tenuissima*). Der sandige Boden und das sehr milde Klima in der Pfalz sind geradezu ideale Bedingungen für dieses zarte Gras. Es sollte als Matrix vornehmlich für Wildstauden dienen. Nur einige wenige züchterisch ausgelesene Stauden sollten dazugesellt werden.

Auch andere Gräser wären denkbar als Vermittler einer Strandatmosphäre. Naheliegend wäre, Strandhafer zu verwenden (*Ammophila arenaria*). Doch Vorsicht, dieses Gras hat enorme Wuchskraft, macht Ausläufer und kann andere Stauden gnadenlos überrennen. Interessante und möglicherweise ökologisch wertvollere Alternativen zum amerikanischen Federgras wären einheimische Federgräser wie *Stipa barbata* oder *Stipa capillata* oder diverse *Festuca*.

Ein angenehmer Vorteil dieses Typs Staudenwiese ist, dass Sie keinen genauen Pflanzplan benötigen, allenfalls einige „Regieanweisungen“ für das Auslegen der Stauden vor der Pflanzung. Hilfreich sind dabei Notizen, welche Stauden miteinander kombiniert, also benachbart bepflanzt werden sollen. Oder Sie notieren sich, welche Pflanzen gruppiert oder einzeln gesetzt werden. Auch ein Hinweis, ob eine Staude eher in die Beetmitte oder am Rand gepflanzt werden soll, ist nützlich beim Auslegen.

Obwohl die Bepflanzung dieses Gartenbereichs wie aus einem Guss erscheinen sollte, war es trotzdem sinnvoll, einzelne Bereiche etwas unterschiedlich zu bepflanzen. Zum einen hatten einzelne Teilflächen verschiedene Funktionen. Ein schmales Beet entlang des Hauptweges im Garten sollte den „Strandgarten“ von den anderen Bereichen, wie dem Gemüsegarten, abschirmen. Hier wurde ein kräftigeres, höheres Gras verwendet als in den Dünenbeeten. Ausgewählt wurde das Orientalische Lampenputzergras 'Karley Rose'. Es kann mindestens hüfthoch werden, ist sehr trockenheitsverträglich und bleibt in mageren leichten Böden zuverlässig aufrecht. Auf winternassen Böden kann es allerdings ausfallen. In diesem Garten entwickelte es sich prächtig.

In anderen, flachen und damit auch feuchteren Beetbereichen, teils halbschattig unter Gehölzen, wurde die Pflanzengesellschaft auch modifiziert. Dort, neben einer Vogelbeere, kam wieder einmal das Multitalent Herbst-Kopfgras zum Einsatz. Kombiniert wurde es diesmal mit der Wiesen-Iris 'Caesar's Brother', dem weidenblättrigen Röhrenstern und Riesen-Kugellauch. Von Mai bis Juni ist diese Staudengruppe eines der Highlights im Garten. Neben den Grüntönen und den Blüten harmonieren die Blatttexturen der genannten Stauden ganz wundervoll. In einer anderen Gehölzrandsituation mit einer japanischen Higan-Kirsche (*Prunus*

Unverzichtbare, trockenheitsverträgliche Stauden sind der Steppen-Salbei ('Caradonna'), der Quirlblütige Salbei ('Purple Rain') und die blassgelb blühende Steppen-Wolfsmilch (*Euphorbia segueriana* subsp. *niciciana*).

subhirtella 'Autumnalis'), die phasenweise ab November bis April blüht, wurde Kerzen-Knöterich, Schönaster, Frauenmantel und Diamant-Reitgras mosaikartig gepflanzt. Auf den ersten Blick mögen diese Stauden so gar nicht zu der Federgraswiese passen. Aber die ruhiger gestalteten Flächen im Bereich der Gehölze tun dem gesamten Gartenbereich gut und verstärken sogar noch die Wirkung der Federgrasflächen.

Unterschiedliche Gartenbereiche können miteinander verbunden werden, wenn sich einige Pflanzen wie ein roter Faden durch den Garten ziehen. Diese Rolle übernahm hier die blau-violett blühende Katzenminze: zum einen eine höhere Sorte, *Nepeta* × *faassenii* 'Walkers Low', und eine wirklich niedrige, etwas früher blühende Sorte, *Nepeta racemosa* 'Superba' (max. 25 cm). Warum 'Walkers Low' so benannt wurde, ist rätselhaft. Denn wenn sie eines nicht ist, dann „low", also niedrig. Mit 80–90 cm gehört sie definitiv zu den höheren Katzenminzen. Auf gutem Boden kann ein Exemplar schon nach zwei bis drei Jahren locker 1 m^2 bedecken. Immerhin gibt es seit kurzem eine wirklich niedrige *Nepeta-×-faasenii*-Sorte, die 'Junior Walker', mit max. 40 cm Höhe. Die 'Superba' hat die willkommene, manchmal auch unliebsame Eigenschaft, sich reichlich zu versamen, auch in kleinste Wegritzen. Sie ist eine der verwendeten Streuner in den Beeten. Blackbox Gardening lässt grüßen. Man kann die *Nepeta* nach der Blüte fast bodennah zurückschneiden. In wenigen Wochen blühen sie zuverlässig ein zweites Mal. Andere Samenvagabunden, die sich überall in Lücken breitmachen und diese auch zuverlässig wieder schließen, ist die einheimische Kartäuser-Nelke (*Dianthus carthusianorum*), die Prachtkerze (*Gaura lindheimeri*) und das Argentinische Eisenkraut (*Verbena bonariensis*). Alle sind sie Insektenmagnete und blühen vom frühen Sommer bis in den Herbst.

ASPEKTBILDNER UND IHRE MITSPIELER

Eine ganz wesentliche Frage, die Sie sich bei einer Pflanzplanung immer stellen sollten, ist: Welche Pflanzen geben in einem Beet den Ton an? Zum einen kann die schiere Anzahl einer Pflanze bewirken, dass sie zu einer bestimmten Phase im Jahr, vielleicht sogar einige Monate, eine der Hauptrollen im Beet spielt. Es kann aber auch ihre Größe, ihre außergewöhnliche Struktur (in der Regel dann als Leitstaude bezeichnet) oder eine ganz prägnante Farbe oder eine andere herausstechende Eigenschaft sein, die sie so hervorhebt. Die hier zahlreich verwendeten Federgräser prägen ganz sicher den Charakter der Beete. Steppenkerzen gelingt es im Frühsommer, alle Aufmerksamkeit auf sich zu ziehen mit ihren intensiv orange-gelb gefärbten Blüten, die wie kleine Raketen in den Himmel fliegen wollen.

Diese Pflanzen werden in der Gestaltung als „Aspektbildner" bezeichnet. Verstärken können Sie die Wirkung dieser auffälligen Pflanzen, indem

Samenstände der Steppenkerzen (links), *Eryngium planum* (Mannstreu) mit tiefblauen stacheligen Blütenköpfen und einjähriges Berufkraut, das lästig werden kann durch Selbstaussaat.

Sie ihnen geeignete Mitspieler zur Seite stellen. Die Steppenkerzen werden in ihrer Blütezeit von dem Seltsamen Scheinsonnenhut (*Echinacea paradoxa*) begleitet. „Seltsam" deshalb, weil er als einziger Scheinsonnenhut gelb blüht. Die Blüten dieses Sonnenhuts sehen aus wie kleine Fallschirme, die gerade im Begriff sind, sich zu öffnen. Das passt doch sehr gut zu den aufstrebenden Ambitionen der Raketenblumen. Die rosa Fallschirmvariante durfte daher nicht fehlen: der Bleiche Scheinsonnenhut (*Echinacea pallida*), gibt es auch in der hübschen Sorte 'Hula Dancer' ganz in Weiß. Alle genannten *Echinacea*-Wildarten sind übrigens deutlich trockenheitsverträglicher als *Echinacea purpurea*, die an frischeren Standorten besser gedeiht.

Es gibt, neben der Kartäuser-Nelke, die häufig Teil der Pflanzengesellschaften sandiger Standorte sein kann, noch andere Stauden, die man mit einer küstennahen Vegetation assoziieren könnte. So gibt es beispielsweise den Strand-Mannstreu (*Eryngium maritimum*). Da dieser aber „nur" zweijährig ist, wurde stattdessen das staudige *Eryngium planum* gepflanzt, welches seinem Cousin sehr ähnlich sieht. Das *Eryngium* sät sich hier im sandigen Boden willig aus. Die Blauraute (*Perovskia* 'Filigran') im Beet harmoniert sehr gut mit dem metallisch-silbrigen Blau des Mannstreu.

Wenn Sie an Stauden in Hochsommerbeeten denken, dann führt kein Weg an den warmen Farben, Gelb, Orange und Rot, vorbei. Die Sonne bringt diese Farben zum Strahlen. Denken Sie an Sonnbraut, Sonnenauge, Sonnenblume, Mädchenauge, Kokardenblumen. Das sind wundervolle Sommerstauden, die fast immer auch einigermaßen tolerant gegenüber Hitze und Trockenphasen sind, wenn diese nicht zu lange währen. Ein

Die Kokardenblumen (hier die rote *Gaillardia* 'Burgunder') blühen schon im Pflanzjahr sehr üppig. Sie sind sehr trockenheitsresistent und zählen damit sicher zu den dankbaren Stauden nicht nur in einem Kiesgarten.

Die kleineren Narzissen (hier *Narcissus* 'Hawera') wirken ganz besonders in naturalistischen Beeten zusammen mit anderen grazilen Zwiebelblumen wie Traubenhyazinthen (hier blass-blaue *Muscari aucheri* 'Ocean Magic').

Sommer ohne gelbe Blüten im Garten, eigentlich kaum denkbar. Diese warmen Farben haben eine intensivere Wirkung als kühle Farbtöne. Daher wird häufig empfohlen, diese sparsamer in Beeten als kühle Farben zu verwenden. Letztlich kommt es darauf an, welche Stimmung und welche Wirkung Sie erzielen möchten. Tatsächlich stechen einzelne Exemplare der roten Kokardenblume (*Gaillardia* 'Burgunder') schon von Weitem aus der Pflanzung heraus.

Ähnlich ist es mit orangefarbenen Fackellilien. Die neuere Züchtungsreihe der 'Popsicle'-Hybriden besticht zudem durch eine lange Blütezeit von Ende Juni bis in den September hinein.

Lieben Sie die ungezähmte Natur? Wer wagt es, im eigenen Garten mit Wildstauden umzugehen, die von den meisten Gartenbesitzern als Unkraut abgetan werden. Das einjährige Berufkraut gehört in dieser Kategorie noch zu den zahmeren Wilden. Die kleinen zahlreichen Blüten können sehr zu einem wiesenhaften, natürlichen Bild einer Pflanzung beitragen. In einem dicht bewachsenen Beet ist die Selbstaussaat in der Regel beherrschbar. Sie merken, da gibt es einige Wenn und Aber. Dennoch, es lohnt sich zu experimentieren und gleichzeitig wachsam zu sein. Weniger großzügig sollten Sie mit Topinambur (*Helianthus tuberosus*) sein. Diese an sich wundervoll blühende Wildstaude, deren Rhizome ein sehr schmackhaftes Gemüse sind, kann durch Ausläuferbildung zur Plage werden. Im Strandgarten steckten noch einige kleine Rhizomstückchen als ein Relikt der früheren Bepflanzung. In den ersten beiden Jahren nach der Umgestaltung überwog die Freude über das eine oder andere auftauchende Exemplar. Im dritten Jahr wurde klar, wozu sie in der Lage sind: Sie können Beete förmlich überrennen. Mittlerweile werden sie konsequent beim ersten Auftauchen gejätet: ab ins Gemüsebeet damit oder gleich in den Kochtopf.

Besondere Aufmerksamkeit wurde in diesem Garten der Bepflanzung mit Zwiebelblumen gewidmet. In mehreren Blütenwellen sollten Tulpen und Co. den Garten im Frühling bezaubern. Im März beginnt der Blütenreigen mit Krokussen, *Crocus tommasinianus*, der Wildform und in Sorten. Anfang April folgen *Tulipa praestans* 'Shogun' mit *Tulipa fosteriana* 'Purissma', die zeitgleich blühen. Diverse blaue Traubenhyazinthen mischen sich unter die Tulpen. In den etwas frischeren Bereichen wurden niedrige Narzissen wie die fast immer zuverlässig wiederkehrende Sorte 'Thalia' gepflanzt.

Ab Ende April starten einige einfach- und spätblühende weinrote Tulpen wie 'Ronaldo'. Erst mit feineren Trommelschlägen, dann mit lauten Paukenschlägen bilden Kugellauche, beispielsweise *Allium* 'Purple Sensation', 'Globemaster', 'Mount Everest', den Schlusssatz in der Frühlingsymphonie. Im Sommer wirbeln noch viele kleine Lauchkugeln von *Allium sphaerocephalon* in den Beeten. Und wer wirklich das Meer rauschen hören möchte in diesem Garten, der hält sich die große Muschel ans Ohr, welche die Gartenbesitzer zusammen mit anderen Urlaubsmitbringseln auf den Kies gelegt haben.

ELEGANTE CORTENSTAHL-HOCHBEETE

Präriestauden auf kleinem Raum in Szene gesetzt

Auch schmale Beete lassen sich mit Staudenwiesen gestalten. Wichtig dabei ist, mit Rhythmus und Strukturen Spannung zu erzeugen. Unterschiedliche, auch kleinere Blütenformen und viele Gräser schaffen ein sehr natürliches Pflanzbild.

Beim Stichwort Staudenwiesen denken viele sicher auch an Präriepflanzungen. In ihren Ursprungsregionen in Nordamerika gibt es jedoch nicht die eine typische Prärie. Abhängig von der Niederschlagsmenge gibt es im Wesentlichen die östliche und feuchtere Hochgrasprärie, die zentrale Mischgras- und die westliche trockenere Kurzgrasprärie im Regenschatten der Rocky Mountains. Je nach Feuchte des Gartenstandorts bietet sich daher an, die entsprechenden Gräser und Blütenstauden zu verwenden. Gerade in Zeiten der Klimaerwärmung sind Präriestauden aus den trockeneren Zonen besonders interessant für unsere Gärten der Zukunft. Mit einer Höhe von etwa 50–120 cm können auch in kleineren Gärten spannende Beete mit diesen „Nordamerikanern" gestaltet werden. In den folgenden Gartenbeispielen sollen „echte" Präriestauden zwar die Hauptrolle spielen, dürfen aber auch von Pflanzen aus anderen Kontinenten begleitet werden.

Zwei etwa 25 m lange Beete an einem vollsonnigen Standort in einem Pfälzer Weinort sollten bepflanzt werden. Ein Beet lag ebenerdig vor einem Hochbeet, das mit Cortenstahl eingefasst war, eine besonders elegante Art, einen Hang zu terrassieren. Das zweite Beet sollte auf dem Hochbeet selbst entstehen. Zum Garten hin schloss sich erst eine gepflegte Rasenfläche, dann eine ausgedehnte Blumenwiese an. Was lag da näher, als das Wiesenthema aufzugreifen.

Im Gegensatz zu der natürlichen Wiese, einer Ansaat mit ausschließlich heimischen Wildstauden, „erlaubten" wir uns in Hausnähe auch nicht heimische Wildstauden zu verwenden. Sie sollten trockenheitsverträglich sein und im kühlen Farbspektrum, also pink, blau, violett inklusive neutral weiß blühen. Die Staude, die man vielleicht zuallererst mit einer Prärie verbindet, ist der Rote Scheinsonnenhut (*Echinacea purpurea*). Davon gibt es mittlerweile eine Vielzahl von Sorten. Durch Einkreuzung der gelbblühenden *Echinacea paradoxa* tauchen auch viele gelbe, orangefarbene oder rote, zum Teil gefüllte Sonnenhüte in den Gärtnereien auf. Leider sind diese nicht immer sehr langlebig. In diesem Garten haben wir auf bewährte zuverlässige Sorten gesetzt: *Echinacea* 'Alba', *Echinacea* 'Rubinstern' und die extravagante, gefülltblühende Sorte *Echinacea* 'Milkshake'.

Diese beiden erstgenannten werden über Samen vermehrt und können sich daher glücklicherweise auch im Garten aussamen und bleiben damit längerfristig erhalten. Eine andere tolle Präriestaude, noch selten verwendet, ist die Amerikanische Bergminze (*Pycnathemum tenuifolium*). Ihre Vorzüge sind eine lange Blütezeit von Juni bis Ende August und ihr filigranes Laub. Das besondere Laub gibt das Stichwort für den dunklen Bartfaden 'Huskers Red', eine über Samen vermehrte Sorte. Der braunrote Austrieb liefert einen wundervollen Kontrast besonders im Mai, wenn andere Stauden frischgrün austreiben. Wenn Sie das sillberlaubige Perlkörbchen (*Anaphalis*) in seine Nachbarschaft pflanzen, ist der Farbkontrast spektakulär. Weitere zarte silbrige vertikale Akzente bringt die Blauraute, hier die feinlaubige Sorte 'Filigran' ins Beet. Im Hochsommer ragen die feingliedrigen Blaurauten mit ihren silbrigen Stielen aus den Beeten. Sie trotzen jeder Trockenheit.

Die Rutenhirse 'Külsenmoor' verfärbt ihre Grasspitzen schon im August in rötlichen Tönen und greift die Laubfarbe des Bartfadens auf. Das

Nur Stauden mit kühlen oder weißen Blütenfarben wurden hier vor dem rostbraunen Cortenstahl verwendet. Rhythmisch wiederholen sich diverse Arten wie die mittelhohe Blauraute 'Filigran' oder das Perlkörbchen im Vordergrund der Beete.

Ein 'Milkshake' im Staudenbeet mit der gleichnamigen Sonnenhut-Sorte. Sie sorgt für etwas Exzentrik im Garten. Die kleinblütige Bergminze und Blumendost 'Herrenhausen' begleiten diese hübsche Diva.

Auch die Blattspitzen der Rutenhirse scheinen zu rosten, wenn sie sich schon im Sommer verfärben. Eine ungewöhnliche Prachtscharte leistet ihr hier Gesellschaft: *Liatris aspera*, die trockenheitsverträglicher ist als *Liatris spicata*.

niedrige Purpur-Liebesgras mit flirrend feinen Blüten verfärbt sich im späten Sommer in den wundervollsten Rot- und Violetttönen. Das wintergrüne Herbst-Kopfgras sorgt für kleine Ruhepole in einem ansonsten sehr feingliedrigen Beet.

Besonders empfohlen werden soll ein sommerblühender Lauch, *Allium* 'Summer Beauty'. Wenn die Kugellauche (bis auf *Allium spaerocephalon*) schon längst verblüht sind, startet dieser erst Anfang Juli. Nicht nur die unzähligen kleinen Blütenköpfe sind attraktiv, auch das lange grüne Laub schmückt über viele Monate.

Ergänzt werden die Beete durch zwei kleinblütige heimische Wiesenpflanzen: die duftende Bergminze und den Blumen-Dost – beide sehr begehrt bei den Wildbienen. Im Herbstgarten sind amerikanische Astern fast unentbehrlich. Wir pflanzten hier die Myrthen-Aster 'Lovely', die empfehlenswerte hohe Glattblatt-Aster 'Schöne von Dietlikon' und die niedrige 'Herbstgruß vom Bresserhof'. Weil sich beide Beete durch die Cortenstahlwände sehr stark aufheizen können, wurde sicherheitshalber eine Tröpfchenbewässerung installiert. Im Hitzesommer 2018 erwies sich diese Investition als hilfreich. Im kommenden Jahr war der Sommer ähnlich heiß und trocken. Es stellte sich später heraus, dass die Bewässerung in 2019 nicht funktionierte. Den Stauden sah man dies jedoch fast nicht an, was für ihre große Trockenheitstoleranz spricht. Lediglich einige Perlkörbchen litten sichtlich unter der Hitze und dem Wassermangel. Anfang 2020 zeigen sie sich aber schon wieder weitgehend erholt.

Die „kühlen“ Beete werden „warm“ im Herbst. Nicht nur die Fliedersträucher verfärben sich im Herbst, sondern auch viele Gräser und Blütenstauden. Das Staudenbeet scheint immer mehr mit dem braunen Stahl zu verschmelzen.

Mystische Stimmung in der Staudenwiese: Die Wildart *Echinacea pallida* mit ihren rosafarbenen Hula-Röckchen tanzt über der Katzenminze. Verbenen schwirren wie kleine Fluginsekten über dieses Beet. Über allem thront düster ein *Sambucus* 'Black Lace'.

EIN PARK WIRD WACHGEKÜSST

Prachtvolle naturalistische Staudenwiesen in Böbingen an der Rems

Einen Hauch von Freiheit und Weite vermittelt eine großzügige Präriepflanzung auch in einem Hausgarten. Der rote Scheinsonnenhut ist einer der Stauden, die man am ehesten mit der Prärie verbindet. Viele neue Sorten machen Lust auf gestalterische Experimente.

Wer sehr viel Platz in seinem Garten hat, kann Präriebeete in beliebiger Weite anlegen. Immerhin 300 m² groß sind mehrere Präriebeete, die für die Remstalgartenschau in Böbingen gestaltet wurden. Auch hier gab es ausgedehnte, sehr schöne Wildblumenwiesen in unmittelbarer Nachbarschaft. Die Liebe zu *Echinacea* und *Phlox* gab den Ausschlag dafür, eine prärieartige Wiese zu gestalten. In den schmalen Beeten des Gartens an der Weinstraße wurden die Stauden einzeln oder in sehr kleinen Gruppen über die Fläche gestreut. Hier in diesem großen Beet wurden zwei Bepflanzungstypen gewählt. Zum einen wurden die Stauden in größeren Blöcken von 2 bis zu 6 m² gruppiert. In den Pflanzungen von Piet Oudolf oder von Petra Pelz ist dies meisterhaft umgesetzt. Die Beete wirken dadurch ruhiger und haben eine beeindruckende Fernwirkung. Akzente setzen die beiden Gestalter durch eingestreute, strukturstarke Blütenstauden oder Gräser.

In den Böbinger Beeten wurden der Riesen-Sonnenhut (*Rudbeckia maxima*) mit mattem blau-grünen großen Laub zusammen mit dem Reitgras 'Karl Foerster' gepflanzt, also „Pauke und Harfe" würde Karl Foerster in Anspielung an Habitus und Blattformen sagen. Wie Leuchttürme ragen diese beiden aus der Pflanzung hervor, schaffen Ankerpunkte und Rhythmen in den Beeten. Auch die Scheinaster (*Vernonia* 'Mammuth') und die Hohe Rutenhirse 'Northwind' wurden in ähnlicher Weise verwendet. Wenn man geeignete Stauden für große Blöcke aussucht, sollte man nicht nur an die Blüte denken. Dieser Aspekt dauert kaum länger als vier bis sechs Wochen, in Ausnahmen auch mal bis zu zwölf Wochen. Den Rest des Jahres sollten Blatttexturen, Blattfarbe und Strukturen zum Gesamteindruck

In eine Wiese mit Herbst-Kopfgras (*Sesleria autumnalis*) wurden die hellblau blühenden Röhrensterne gepflanzt (*Amsonia tabernaemontana* var. *salicifolia*). Im Herbst haben sie nochmal einen großen Auftritt, wenn sie sich intensiv gelb verfärben.

Doldenblütler sind das Salz in der Suppe einer Staudenwiese. Die meist cremeweißen Blütenschirme sind beliebte Lande- und Futterplätze für allerlei Schwebfliegen, Käfer oder auch Wanzen. Und schön sind sie allemal.

beitragen. Auch das Erscheinungsbild im Winter sollte ein guter Gestalter „auf dem Schirm“ haben. Einige Lieblingsstauden seien hier beispielhaft genannt: Der Röhrenstern (*Amsonia tabernaemontana* var. *salicifolia*) hat viele Monate etwas zu bieten. Als eine der ersten Präriestauden blüht er schon ab Mai mit kleinen hellblauen Blütensternen. Im Sommer ziert das feine Laub, das sich im Indian Summer leuchtend gelb verfärbt.

Die *Echinacea* werden vor allem wegen ihrer Blüten geschätzt. Es ist immer wieder faszinierend, wie viele Falter sich im Sommer auf den igelförmigen Blütenköpfen tummeln. Die Samenstände stehen aber auch noch im Winter zuverlässig im Beet. Und bei Raureif verwandeln sie sich in glitzernde Kunstwerke. Der zweite Bepflanzungstyp besteht aus einer Grasmatrix, sprich, einer hohen Anzahl Gräser, in die einzelne Blütenstauden gepflanzt wurden. Es sind quasi abstrahierte oder minimalistische Wiesenflächen. Diese Wiesen in der Staudenwiese schaffen ein natürlicheres Erscheinungsbild und lassen die wilden Blumenwiesen mit den gestalteten Staudenwiesen verschmelzen.

Als Matrixgras wurde Herbst-Kopfgras und das Tautropfengras aus der Prärie (*Sporobolus heterolepis*) verwendet. Es ist eines der wenigen Gräser, das intensiv schon von Weitem duftet. Für Dynamik und steten Wandel in dieser Prärie sorgen Argentinisches Eisenkraut, Präriekerze, Prachtscharte, Österreichische Königskerze (ein Gruß an Katrin Lugerbauer) und gewöhnlicher Fenchel, den Sie aber unbedingt in Schach halten müssen. Im Herbst begeistern noch viele tiefblaue und weiße Astern. Unzählige Blütenköpfchen des Eisenkrauts schweben über dem Beet.

Im Kontrast zu den Blau-Violett-Tönen färben sich viele Gräser und Blütenstauden gelb, ocker oder rötlich, ein Feuerwerk zum Jahresausklang. Dieses Beet wird nur bei längerer Hitze und Trockenheit gewässert. Einige Stauden dieses Beetes seien noch hervorgehoben. Eine weitere Art der Amerikanischen Bergminze mit intensiven Duft wurde verwendet: *Pycnanthemum muticum* bildet große silbrig-weiße Hochblätter aus, die schon von Weitem auffallen.

Der Schwachfilzige Sonnenhut ‘Henry Eilers’ hat ganz ungewöhnliche Blütenblätter wie kleine lange Zungen. Und last but least empfehlen wir die als *Phlox amplifolia* bezeichnete Sorte ‘Winnetou’. Dieser Phlox ist besonders gesund und erträgt mehr Trockenheit als viele *Phlox-paniculata*-Sorten. Ob kleiner Vorgarten oder Fußballfeld, mit Präriestauden und Begleitern aus anderen Regionen lassen sich langlebige naturhafte Wiesenbeete gestalten, die für die Klimaerwärmung gerüstet sind.

So könnte es fast in einer echten nordamerikanischen Prärie aussehen: Amerikanische Bergminze, der rote Schein-Sonnenhut, Prachtscharten, Flammenblumen (Phlox), Duftnesseln, Rutenhirse, Prärie-Bartgras. Nur die Verbenen kommen aus Südamerika.

WEITE DER AMERIKANISCHEN PRÄRIE

Der größte Präriegarten Europas inspirierend gestaltet von Lianne Pot

Den wohl größten und einen zugleich eindrucksvollen und inspirierenden Präriegarten in Europa hat Lianne Pot ganz in der Nähe von Groningen geschaffen. Zugleich findet sich in ihrer Gärtnerei die nationale Gräsersammlung der Niederlande.

Wer an Staudenpflanzungen in den Niederlanden denkt, dem kommt sofort Piet Oudolf in den Sinn, der nicht nur in seiner Heimat, sondern in der ganzen Welt Aufsehen erregt mit seinen Staudengärten in meist beeindruckenden Dimensionen. Einige seiner großen Gärten können Sie auch in Deutschland, so im Maxipark Hamm, besuchen. Aber es gibt noch einige andere Gestalter in den Niederlanden, die wundervolle Staudenwiesen im privaten oder öffentlichen Raum geschaffen haben. Wir möchten Ihnen zwei Beispiele aus der Provinz Groningen vorstellen.

Etwa 30 km westlich von Groningen liegt die kleine Gemeinde De Wilp. Hier gestaltete Lianne Pot ab dem Jahr 2009 einen insgesamt 7500 m² großen Präriegarten.

Die Inspirationen dazu holte sie sich auf einer Reise in den USA zu vielen ursprünglichen Präriepflanzungen an den Naturstandorten und nicht zuletzt auch bei Besuchen im Hermannshof in Weinheim. Direkt neben ihrer Gärtnerei „Lianne's Siergrassen", mit über 350 verschiedenen Gräsern, legte sie die Präriepflanzungen an. Es gibt 15 großflächige Beete und 9 kleinere in Hausgartendimensionen. Meist verwendet sie lediglich 10 bis 15 verschiedene Stauden in den einzelnen Flächen, was den Schwierigkeitsgrad bei der Pflege für noch ungeübte Präriegärtner vereinfacht. Aber auch gestalterisch ist bekanntlich weniger meist mehr. Denn eine hohe Vielfalt an Pflanzen auf sehr kleinem Raum erscheint häufig als schwer durchschaubares Wirrwarr. Werden einige Pflanzen jedoch gruppiert und / oder wiederholt, entstehen ablesbare, harmonischere Bilder.

Ein gutes Beispiel ist eine Pflanzung, in der im Juli nur drei Stauden eine Hauptrolle spielen: *Veronica longifolia* 'Schneeriesin', eine lila-farbene *Monarda* und *Helenium* 'Rubinzwerg'. Diese Stauden wurden in höherer Stückzahl in Drifts angeordnet und sie werden auch noch wiederholt. Im Laufe der Zeit haben sich hier auch hellblaue *Veronica* im Beet ausgesamt. Lianne entschied, dass sie bleiben durften – eine gute Entscheidung, wie man sieht. Die Farbkombination der orangeroten Sonnenbraut mit der lila Indianernessel gilt als mutige Kombination. Hier bringt sie Pep ins Beet. Wundervoll gelungen ist das Spiel der Blütenformen. Zu viele Körbchenblüten können ein Beet behäbig erscheinen lassen. Die vertikalen Veronika-Ähren bringen Eleganz und Leichtigkeit ins Beet. Ein sehr selten verwendetes, nicht immer ganz frosthartes Gras mit kleinen ockerfarbenen Puscheln taucht im Hintergrund auf: *Pennisetum massaicum* 'Red Bunny Tails'.

In einem anderen Beet spielen Gräser tragende Rollen. Da zeigt sich wieder, dass nicht nur Blüten von Bedeutung sind, gerade in Staudenwiesen. Im September färbt sich die Rutenhirse 'Shenandoah' intensiv rotbraun bis purpur. In rötlicheren Tönen leuchtet das etwas niedrigere Japanische Blutgras aus dieser Wiese hervor. Die herbstlichen Blütenschirme der dunkellaubigen Fetthenne 'Karfunkelstein' greifen diese Farben auf. Schon ab den frühen Sommermonaten sorgt der Felberich, *Lysimachia ciliata* 'Firecracker', für rotbraune Töne im Beet.

Auch Lianne interpretiert den Begriff Prärie in einem weiteren gestalterischen Sinne und verwendet auch Stauden anderer Kontinente. Eine sehr kraftvolle und höhere Pflanzung besticht durch wenige unterschiedliche

Ein spannungsreiches Trio mit unterschiedlichen Blütenformen und -farben: *Veronica* 'Schneeriesin', eine orangerote Sonnenbraut und eine lilafarbene Indianernessel. Durch Selbstaussaat haben sich auch einige blau-blühende *Veronica* eingefunden.

Wer exotisch anmutende Staudenwiesen mag, der möge Fackellilien verwenden. Lianne Pot kombinierte sie mit rotblühenden Lupinen. Starke Akzente setzt der eingestreute, sparrige Riesen-Haarstrang mit seinen dunklen Stielen.

Rotbraune und grüne Blattfarben prägen dieses Beet: *Lysimachia ciliata* 'Firecracker', *Sedum* 'Xenon' und *Imperata cylindrica* 'Red Baron' steuern die düsteren Töne bei. Gelbe Blüten von *Rudbeckia hirta* und *Gaillardia* hellen die Stimmung auf.

Staudenarten. Sie verwendete ein Chinaschilf, die cremeweiße Schirm-Aster (*Aster umbellatus*), den gelben Prärie-Sonnenhut, *Rudbeckia fulgida* var. *deamii* (diese Varietät ist trockenheitsverträglicher als die Sorte 'Goldsturm'), und eine hellblaue Schleier-Aster, die das grelle Gelb der Sonnenhüte abmildert.

Dass sich Kugeldisteln auch hervorragend für Wiesenbeete eignen, zeigt eine Kombination mit Rutenhirsen und blau-lila-farbenem Phlox. Häufig stellen Kunden die Frage, wie hoch der Anteil der Gräser in Präriebeeten sein sollte. In der „echten" Prärie ist ihr Anteil 80–90 Prozent. Bei Lianne bewegt er sich meist zwischen 20 und 50 Prozent. Es gibt aber einige „reine" Gräserflächen. Im Frühsommer darf die Prärie dann auch einmal sehr exotisch erscheinen, wenn sich Heerscharen von Lupinen und Fackellilien in den Beeten hervorrecken.

Sie haben sich hier durch reichliche Aussaat breitgemacht. Wer das Glück hat, den Garten am frühen Morgen besuchen zu dürfen, der kann sich nicht satt sehen an den glitzernden, taubedeckten Gräsern im Gegenlicht. Wen die Faszination für Gräser und für Staudenwiesen noch nicht gepackt hatte, der wird spätestens jetzt von ihnen begeistert sein.

Das Blutgras macht seinem Namen alle Ehre im morgendlichen Gegenlicht. Die Rutenhirse wiederholt diese Färbung etwas milder. Behäbige Fetthennen bilden die Ruhepole in dieser flirrenden Gräserlandschaft.

MANCHE MÖGEN'S WILD

Naturnahe, kleine Staudenwiesen gepflanzt und gesät

Wer seinen Garten besonders wild und naturnah gestalten möchte, der kann Ansaat und Pflanzung von Stauden, auch von ein- und zweijährigen Pflanzen kombinieren. Mit wenig Aufwand können Sie selbst auf widrigen Flächen artenreiche Beete erschaffen.

Im ersten Teil des Buches haben wir beschrieben, welche Vorzüge es hat, eine Wiese im Garten zu pflanzen und nicht zu säen. Eines unserer wichtigsten Argumente ist die individuelle Gestaltungsmöglichkeit, die Sie beim Pflanzen, aber nicht in dem gleichen Maße mit Saatgut haben. Nur versierte Gärtner, die im Umgang mit Ansaaten schon viele Erfahrungen sammeln konnten, haben auch damit größere gestalterische Spielräume. Profis lassen sich eigens zusammengestellte Saatgutmischungen herstellen und gestalten damit auch größere Flächen im öffentlichen Grün oder im privaten Bereich sehr individuell. Der große Vorteil von Saatgut ist der deutlich niedrigere Preis gegenüber Stauden im Topf. Zum anderen sind viele Wildstauden nicht als Topfware im Handel verfügbar. Wir möchten im Folgenden zwei Projekte vorstellen, bei denen Pflanzung und Ansaat miteinander kombiniert wurden.

VON 0 AUF 100: EIN WIESENBEET AUF EINER STRASSE

Ein Abschnitt einer Straße, die inmitten des Gartenschaugeländes in Böbingen an der Rems lag, sollte gesperrt und auch begrünt werden, ohne dass der Straßenbelag entfernt wurde. So verrückt es klingt: Direkt auf den Asphalt wurde ein Spezial-Staudensubstrat etwa 20 bis max. 35 cm hoch aufgetragen. Dieses ist reich an vulkanischen Granulaten (z. B. Lavasplitt, Bims) mit hohem Wasserspeichervermögen. So bleibt es strukturstabil und luftig. Hier wurde zuerst Saatgut verschiedener ein- und mehrjährige Blumenmischungen aufgebracht. Einjährige sind prädestiniert, um rasch ein blütenreiches Bild zu malen. Aber auch zwei- und mehrjährige Pflanzen wurden ausgesät, um auch an das zweite Jahr oder darüber hinaus zu denken. Verwendet wurden sowohl fertige Saatmischungen als auch Einzelsamen. „Felgers Mohnwiese" und „Felgers Augenweide" sind Mischungen annueller Pflanzen mit Klatsch-Mohn, Kornblumen, Rotem Lein, Duft-Resede, Buschwinden, Goldmohn oder Meerviole, vorwiegend in blauen oder roten Farbtönen. Zusätzlich wurden *Eschscholzia californica* und *Dianthus carthusianorum* als Einzelsaatgut gesät. Zu guter Letzt wurde eine Mischung einheimischer mehrjähriger Wiesenblumen gesät.

Die gepflanzten Stauden waren fast alle sogenannte „Schnellentwickler". Sie schaffen es, sich schon im Pflanzjahr sehr rasch zu entwickeln und meist auch üppig zu blühen. Wer in seinen Gartenbeeten ganz schnelle Erfolgserlebnisse sucht, der kann es auch einmal mit den folgenden Pflanzen versuchen: Duftnessel (*Agastache* 'Black Adder'), Präriekerze (*Gaura lindheimeri*), Argentinisches Eisenkraut (*Verbena bonariensis*), Färberka-

So üppig und bunt blühend stellen wir uns meist eine wilde Wiese vor. Besonders der rote Klatsch-Mohn begeistert. Leider wird dieser spätestens nach zwei Jahren durch andere Pflanzen verdrängt. Nur wenn die Wiese wieder umgepflügt wird, erwacht er wieder neu.

Nicht nur viele Wildbienen und andere Insekten lieben diese zweijährige Pflanze, die Wilde Karde. Im Herbst stürzen sich einige Vogelarten, voran der Stieglitz, auf die reifen Samen. Durch Selbstaussaat erhält sich die Karde meist im Garten. Bitte nicht jäten!

Das Spätsommerbild einer wilden Wiese ist meist viel ruhiger und blütenärmer, insbesondere nach einer Sommermahd. Hier wurde etwas nachgeholfen mit nichtheimischen Stauden, Duftnesseln und Verbenen, die bis zum Frost üppig blühen.

Mohn in verschiedenen Rottönen, Kornblumen und Färbekamille prägen das Bild im Jahr der Aussaat. Nach und nach erscheinen dann langlebigere Stauden wie Wiesen-Salbei, Schafgarbe, Skabiosen oder Wiesen-Storchschnabel

mille (*Anthemis tinctoria*), Fenchel (*Foeniculum vulgare*) und Federgras (*Nasella tenuissima*), Wimper-Perlgras (*Melica ciliata*) und Reitgras (*Calamagrostis × acutiflora* 'Karl Foerster') Auch der so wertvolle Natternkopf (*Echium vulgare*) wurde wieder gepflanzt, der schon im Pflanzjahr blühte.

Doldenblütler sind in einem Wiesenbeet ein Muss. So wurden einfach zusammen mit den Stauden im Gemüsegeschäft erstandene Möhren in die Erde gesteckt, die stets verlässlich einige Monate später blühen. Wohl dem, der einige Solitäre in der Hinterhand hat: Einige größere Exemplare von *Helianthus salicifolius* sorgten neben ihrer filigranen hohen Erscheinung im November für die spätesten Blüten im Beet. Wer es eilig hat im Garten, kann auch immer zu Sommer-Geophyten greifen. *Liatris spicata* und *Crocosmia* kann man im Frühjahr sehr günstig als Knollen oder Zwiebeln erwerben und seine Beete noch im gleichen Jahr mit ihren Blüten bereichern. Einige der gepflanzten Stauden waren eigentlich für das zweite Jahr gedacht. Aber *Aster amellus* 'Glücksfund', *Aster pyrenaeus* 'Lutetia' oder *Verbascum bombyciferum* 'Polarsommer' entwickelten sich auf dem fruchtbaren Substrat so schnell und so üppig, dass sie auch schon im Pflanzjahr prächtig blühten. Aus einem Wiesenstück, das einer Bebauung zum Opfer fallen sollte, wurden Wildpflanzen gerettet und in das Straßenbeet gepflanzt. So gelang es, zweijährige Wilde Karden (*Dipsacus fullonum*) in die Pflanzung zu holen, die mit ihren Blüten und vor allem den Samenständen ein Highlight im Beet sind.

Aber auch Wiesenmargeriten, diverse Klee-Arten oder Rainfarn fanden auf diese Weise Asyl. Stauden und Saatgut wurden in unterschiedlicher Dichte und in unterschiedlichen Teilflächen gepflanzt bzw. gesät, sodass sich die Fläche differenziert entwickeln sollte. Nicht nur aus ästhetischen Gründen, sondern vor allem aus ökologischen wurden größere Wurzeln und einige ansehnliche Äste in die Fläche gelegt. Spannend war für alle Beteiligten, welche Pflanzen sich mit ihren unterschiedlichen Strategien, sei es Konkurrenzstärke, Stress- oder Störungstoleranz, im Laufe der Zeit durchsetzen würden. Dass zu Beginn bzw. im gesamten ersten Jahr die Ruderalstrategen das Bild beherrschen würden, war zu erwarten. Noch interessanter wäre sicherlich die Entwicklung im zweiten und dritten Jahr. Dank regelmäßigem Gießen auch über die Anwachs- und Keimphase hinaus entwickelte sich dieses Beet sehr rasch. Schon nach sechs Wochen war die Fläche üppig grün und die ersten Blüten zeigten sich. Der Haupt-

Eine Wiese zieht um: Nachdem eine experimentelle Wiesenfläche auf einer Straße wieder geräumt werden musste, wurden die Pflanzen samt Substrat umgesiedelt. Es funktionierte.

aspekt der Einjährigen war im Juni, so prachtvoll wie ein Feuerwerk, aber auch sehr kurz. Wie zu erwarten kam diese Massenblüte von Mohn, Kornblumen und Co. beim Publikum besonders gut an.

Ab Juli übernahmen die Stauden, Geophyten und einige Zweijährige das Geschehen. *Liatris*, *Agastache* und *Verbena*, aber auch *Daucus carota* und *Dipsacus fullonum* ergaben zusammen mit den Samenständen der Einjährigen ein schönes stimmiges Wiesenbild. Im weiteren Verlauf des Jahres boten sich zwar keine so spektakulären Blütenmeere wie im Juni, aber die subtile Schönheit von Strukturen, Texturen, Samenständen und auch von Blütenformen machte dies allemal wett. *Foeniculum vulgare* ist dabei eine dieser stillen Schönheiten, die auch bei zahlreichen Schwebfliegen und Käfern beliebt ist. Ganz bewusst sollte auf jegliches Jäten oder Eingreifen verzichtet werden, um diesem Experiment möglichst freien Lauf zu lassen. Ein einziges Mal wurde der Autor „schwach" und entfernte allzu zahlreichen Weißen Gänsefuß. Ansonsten war jedes unerwartete Wildkraut willkommen. Ende September erschien das Beet etwas „struppig" und unstrukturiert, was dennoch nicht als Makel gelten soll. Den zahlreichen Wildbienen und Insekten war dies jedenfalls gleich. Aber einige Besucher blickten doch skeptisch ob der Unordnung und Wildheit im Straßenbeet. Dass hier auch „Unkräuter" wachsen durften, wurde nicht immer mit Wohlwollen aufgenommen.

Das Pflanzbild wurde versöhnlicher, als im Spätsommer zahlreiche blaue *Aster amellus* und *Aster pyraeneus* in dem wilden Getümmel erschienen und bereits das Herbstfinale einläuteten. Spätestens ab Mitte Oktober sorgten *Calamagrostis* × *acutiflora*, *Verbascum*, *Dipsacus* und *Helianthus* wieder für ordnende, ruhigere Strukturen und ein spannendes Gesamtbild. Bei einem Besuch des Geländes im November war der Schreck groß. Die Pflanzen samt Substrat waren feinsäuberlich entfernt worden. Die Hoffnung auf ein längeres Bestehen des Experiments hatte sich zerschlagen. Im Dezember gab es dann doch noch ein unerwartetes Vorweihnachtsgeschenk. Das Substrat, viele Pflanzen und sicher auch noch nicht gekeimtes Saatgut wurden vom Bauhof der Gemeinde auf einen Verkehrsteiler übersiedelt. Fast alle Pflanzen hatten diesen Umzug wohlbehalten überlebt und blühen nun an neuer Stelle.

Wer schnell Eindruck schinden möchte, der pflanze viele Zwiebelblumen. Unzählige *Allium* 'Purple Sensation' sorgen hier im Mai für Aufsehen. Nur die reich und lange blühende Taglilie 'Corky' kann mit ihrem kräftigen Gelb dagegenhalten.

WILDBIENENWIESE IM MUSEUMSGARTEN

Ein trister Hinterhof erwacht zu neuem Leben

Viele Wildbienen, Schmetterlinge und Insekten sind auf geeignete Lebensräume mit einheimischen Wildpflanzen angewiesen. Diese sind nicht nur Pollen- und Nektarlieferanten, sondern sie sind häufig auch Futterpflanzen für Raupen.

In Ludwigshafen am Rhein gab es im Jahr 2019 ein vom Wilhelm-Hack-Museum initiiertes Projekt „Ludwigshafen summt und brummt". Neben vielen künstlerischen Aktivitäten und Ausstellungen sollten einige Flächen in der Stadt naturnah gestaltet werden. Auch wenn einzelne kleine wildbienenfreundliche Wiesen allein nicht die Welt retten, regen sie hoffentlich zur Nachahmung bei privaten Gartenbesitzern an. Sie sind damit hoffentlich ein Zündfunke für zahlreiche und größere naturnahe Flächengestaltungen in Städten und im Umland, denn jeder Quadratmeter lohnt sich.

Eine der „Umwandlungsflächen" war der Hinterhofgarten der Scharpf-Galerie im Stadtteil Hemshof. Hier sollten auf zwei sonnigen bis halbschattigen Beeten, zusammen etwa 80 m², bienenfreundliche Staudenwiesen (kombiniert mit Einsaat) angelegt werden. Diese Beete mit sandig-lehmigen Böden waren nur spärlich mit einigen Wildkräutern, wenigen niedrigen Gräsern und etwas Löwenzahn bewachsen. Dies deutete auf eine geringe Nährstoffverfügbarkeit hin. In diesem Fall also ideale Voraussetzungen, denn eine besonders hohe Pflanzenvielfalt findet sich vor allem auf mageren Flächen. Das zweite Beet hatte einen lehmigen Boden und wurde zuvor zum Abbau von Gemüse genutzt. Hier war ein höheres Nährstoffangebot zu erwarten.

Vor dem Bepflanzen wurde der Boden etwa 15–20 cm tief maschinell durchgefräst, um die obere Schicht zu lockern. Danach wurde mit einem Rechen ein feinkrümeliges Pflanz- und Saatbeet hergestellt. Bei einem Mix von Aussaat und Pflanzung empfiehlt es sich, erst zu säen und dann zu pflanzen. Das ausgebrachte Saatgut bestand aus einer Mischung mehrjähriger einheimischer Stauden. Um das feine Saatgut gleichmäßig über die Fläche zu verteilen, und zwar in einer Menge von etwa 1–2 g je m², wurde es mit reichlich Sand gemischt. An dem hellen aufgebrachten Sand sieht man dann sehr leicht, ob das Saatgut gleichmäßig und überall verteilt ist. Ganz wichtig ist es, die Samen anschließend gut festzuwalzen, um einen dichten Bodenschluss zu erreichen. Anstelle einer Walze haben wir diese Fläche durch Begehen zu Fuß festgetreten und unmittelbar danach mit dem Pflanzen der Stauden begonnen.

Um möglichst rasch eine geschlossene Pflanzendecke in Staudenbeeten zu erzielen, sind etwa sechs bis acht Stauden je m² ein guter Anhaltspunkt. Die Stückzahl hängt dabei aber von der Wuchsstärke der Stauden ab. Solitärstauden und schnellwachsende Großstauden wie der Garten-Bergknöterich (*Aconogonon fennicum* 'Johanniswolke') können schon in kurzer Zeit 1 m² bedecken. Bei einem schwachwüchsigen kleinen Bodendecker brauchen Sie dafür vielleicht sogar elf Pflanzen. Gute Hinweise zu diesen Sollstückzahlen finden Sie in den Onlinekatalogen versierter Staudengärtnereien.

Wir haben hier etwa vier Stauden je m² in die zuvor besäte Fläche gepflanzt. Viele davon sind einheimische Stauden, die ökologisch besonders wertvoll für die heimische Insektenwelt sind. Zusätzlich wurden einige wenige Sommerblumen gepflanzt, um schnell ein üppiges Blütenbild zu erzeugen. Etwa zwei Drittel der Wildbienen sind nicht auf einzelne Arten oder Gattungen von Blütenpflanzen spezialisiert. Sie sind in der Lage, den

Diese teilweise gepflanzte und gesäte Wiese wurde angereichert mit einigen auffälligen Dauerblühern wie die rotblühende *Salvia* 'Hot Lips'. In wintermilden Regionen hat sie gute Überlebenschancen draußen im Garten.

Diese kleine Wiese würde so sicher nicht in der Natur vorkommen. Dennoch haben die Stauden in diesem Beet eine Chance auf ein längeres Leben, weil die Standortwünsche der verwendeten Pflanzen wie Bart-Iris, Steppen-Salbei oder Margerite sehr ähnlich sind.

Nektar und vor allem den Pollen, den sie für die Ernährung ihres Nachwuchses benötigen, von verschiedenen Arten von Blütenpflanzen zu sammeln – oder sie schummeln ihre Eier in die Gelege anderer Wildbienenarten, etwa ein Viertel vermehrt sich auf diese Art. Es gibt aber auch sehr viele Spezialisten unter den Wildbienen, die auf spezielle Blütenpflanzen angewiesen sind und nur deren Nektar und Pollen verwerten können. Grundsätzlich ist daher Artenvielfalt in einer Wiese oder in einer Staudenwiese hilfreich und notwendig, wenn wir die Artenvielfalt auch in der Insektenwelt erhalten wollen. Indirekt profitieren auch die insektenfressenden Vögel davon.

Im Garten der Scharpf-Galerie wurden im Herbst des Vorjahres der eigentlichen Bepflanzung zahlreiche Blumenzwiebeln gesteckt: in den halbschattigen Bereichen Dichter-Narzissen und Hasenglöckchen, in den sonnigeren Bereichen auch spätblühende Tulpen. Für ein besonderes Event im Mai hatten wir unzählige Kugellauche gepflanzt, insbesondere *Allium* 'Purple Sensation'.

Der Frühsommeraspekt der Pflanzung war geprägt von gelben und blauen Bart-Iris, von Margeriten, Steppen-Salbei, Katzenminze und einigen frühblühenden gelben Taglilien-Wildarten. Auch schon früh im Jahr blühen halbstrauchige Salbei-Arten wie der gut winterharte *Salvia* 'Hot Lips'. Bis in den Oktober zeigen sich immer wieder neue Blüten. Einige Honka-Dahlien und ein tiefblauer Mehl-Salbei passen wunderbar in das natürliche Pflanzbild und sorgen lange für Farbe im Sommer. Diverse Astern, wie *Aster amellus* oder *Aster pyrenaeus*, sorgen für weitere Blüten im Spätsommer bis zum Herbst. Im Sommer können partiell Margeriten und Steppen-Salbei zurückgeschnitten werden, die dann erneut treiben und blühen. Offene sandige Flächen und zahlreiches Totholz bietet vielen Insekten Lebensraum.

Mit einem fast reinen Dunkelblau präsentiert sich dieser Eisenhut im Spätherbst neben den verblühten Kerzen von Astilben und einem Chinaschilf, beides perfekte Partner für diese – Achtung – sehr giftige Staude.

Diese ungewöhnliche Kombination birgt jede Menge Provokation und kontroverse Meinungen. Eine hohe südafrikanische Fackelilie (*Kniphofia nobilis*) trifft auf asiatischen Wiesenknopf und Blauraute. Experiment!

STAUDENWIESEN DER WELT

Mit Blütenstauden und Gräsern in drei Kontinente reisen

In allen gemäßigten Klimazonen der Welt gibt es ausgedehnte Gras- oder Wiesenlandschaften. In dem folgenden Garten wurden Blütenstauden und Gräser aus aller Welt in verschiedenen Beeten harmonisch miteinander vereint.

Es gibt viele Gärten, die etwas traurig aussehen, obwohl sie einst wunderschön waren. Mit den Jahren werden Sträucher und Bäume größer und größer und der Garten wird zunehmend schattiger. Leider gibt es auch einige Wildpflanzen, die den schönsten Gärten zu schaffen machen können. So schön die Blüten von Giersch oder Ackerwinde auch sein mögen, wenn sie Beete unrettbar überrannt haben, hört für viele der Spaß auf. In diesem Garten wuchsen ganz klassisch Rosen, Lavendel, Schleifenblumen unter sechs großgewachsenen Japanischen Blüten-Kirschen (*Prunus serrulata* 'Kanzan'). Die Rosen und besonders der Lavendel waren nur noch ein Schatten ihrer selbst. Lichtmangel und ein wildes Potpourri an unliebsamen Wildpflanzen ließen den Garten vollends unansehnlich werden.

Es gibt bei einer Pflanzung einen „Punkt ohne Wiederkehr". Dieser Punkt ist erreicht, wenn ein Beet nur mit einem immens hohen Pflege- und Kostenaufwand auf einem annehmbaren ästhetischen Niveau zu halten ist. Dieser Zeitpunkt war hier längst überschritten. Schließlich fiel die Entscheidung „(Fast) Alles neu gestalten!", diesmal ganz ohne Rosen und Lavendel. Der umgestaltete Garten sollte zugleich attraktiv, langlebig und natürlich pflegeleicht sein. Das ist der meistgeäußerte Wunsch bei einer Gartenplanung. Eine Staudenwiese kann das alles leisten.

Das Beet, das neu bepflanzt werden sollte, war etwa 300 m² groß und kreisrund. Diese klare Form lieferte die Gestaltungsidee. Es sollte hier eine Welt der Stauden entstehen. Stauden aus den Kontinenten Europa, Asien und Amerika sollten auf drei etwa gleichgroßen Beeten getrennt nach ihrer geografischen Herkunft gepflanzt werden. Afrika war leider nur mit einigen wenigen Pflanzen vertreten. Die selten frostharten Pflanzen dieses Kontinents machen es nicht leicht, ihn angemessen zu berücksichtigen.

Vor der Neupflanzung musste noch einiges getan werden, um möglichst gute Startbedingungen für die Stauden und Gehölze zu schaffen. Zunächst wurde das bestehende Substrat etwa 40 cm tief abgetragen, um möglichst alle Wurzelunkräuter tiefgründig zu entfernen. Drei der sechs großen Blüten-Kirschen wurden schweren Herzens gefällt, um auch sonnigere Standortbereiche zu schaffen. Das Substrat um die Baumscheiben der drei verbliebenen Bäume durfte nicht entfernt werden, um die Baumwurzeln auf keinen Fall zu verletzen. Hier wurde, so gut es ging, gejätet. Dann wurde eine dünne Schicht, etwa 10–15 cm, frisches Substrat aufgetragen und mit einer etwa 10 cm dicken Schicht Rinde gemulcht. Später wurde hier das sich gut ausbreitende *Carex morrowii* 'Ice Dance' flächendeckend gepflanzt, was bestens funktionierte. Die Hauptfläche wurde aufgefüllt mit oberbodenfreiem Staudensubstrat, das mit etwa 15 Prozent Kompost angereichert war. Außerdem wurde in Anbetracht der heißen trockenen Sommer eine automatische Sprühberegnung installiert.

Besser und empfehlenswerter wäre aus heutiger Sicht eine Tropfschlauchbewässerung gewesen. Nach Pflanzung der Stauden wurde mit einer etwa 5–6 cm hohen Lavaschicht (11–16 mm) gemulcht, was sich sehr bewährt hat. Das Aufkommen von Samenunkräutern wird dadurch minimiert und der Boden bleibt länger feucht.

Ein Herbst ohne Astern ist möglich, aber sinnlos – frei nach Loriot. *Aster cordifolius* 'Little Carlow', *Aster amethystinus* 'Freiburg' und *Aster n.-a.* 'Purple Dome' strahlen um die Wette. Ein *Rhus typhina* liefert mit seinem Orange die Komplementärfarbe.

Einige Jahre später wurde der stark ausläufermachende Rhus ersetzt durch einen etwas zahmeren Fenchelholzbaum (*Sassafras albidum*), der hier über einer Gruppe Rutenhirse thront. Im späten Herbst blüht noch der gelbe Fallschirm-Sonnenhut über den Astern.

Ein Judasbaum (*Cercis siliquastrum*) blüht Ton in Ton mit einer sehr harmonischen Mischung später, lilienblütiger und Viridescens-Tulpen. Leider fielen diese alle innerhalb eines Jahres Wühlmäusen zum Opfer.

Die verbliebenen drei Japanischen Blüten-Kirschen lieferten ein passendes Ambiente für Stauden aus dem asiatischen Kontinent. Viele bewährte Gartenpflanzen aus dieser geografischen Region bevorzugen halbschattige Bereiche. So wurden hier in größeren Blöcken Herbst-Anemonen, Trauben-Silberkerze, Astilbe, Kerzen-Knöterich, Bergknöterich (*Aconogonon fennicum* 'Johanniswolke'), Sibirischer Storchschnabel, Christrosen und Taglilien gepflanzt. Drifts aus Japangras (*Hakonechloa macra*) und Diamant-Reitgras (*Calamagrostis brachytricha*) nehmen das übergeordnete Wiesenthema auf. Stauden- und Strauch-Pfingstrosen und eine der größten Funkien, die Sorte 'Empress Wu', wurden solitär verwendet. Das Farbspektrum bewegte sich hier im roten, violetten und – passend zu den Zierkirschen – auch im rosafarbenen Bereich. Neu gepflanzt wurde hier auch ein sommerblühendes, noch viel zu selten verwendetes, charakterstarkes Gehölz mit sehr schöner Rinde: der chinesische Sieben-Söhne-des-Himmels-Strauch (*Heptacodium miconioides*).

Der europäische Teil wurde teils in größeren Drifts, teils wiesenartig gestaltet, wobei Blütenstauden in eine Matrix aus Föhngras gepflanzt wurden. Die Bepflanzung zum Start bestand aus Steppen-Salbei (*Salvia nemorosa* 'Caradonna'), Gelber Schafgarbe, Katzenminze, dichtblütigem Ziest (*Stachys* 'Hummelo'), Blauraute, Frikarts Aster oder hoher Fetthenne. Dass nicht immer alles so funktioniert, wie sich das der Planer wünscht, sei an dieser Stelle gleich eingestanden. Das Föhngras erwies sich auf den gut versorgten und frischen Böden als nicht sehr standfest. Es wurde zum großen Teil ersetzt durch Rohr-Pfeifengras (*Molinia arundinacea* 'Windspiel') oder auch Diamant-Reitgras (*Calamagrostis brachytricha*). Der großzügig verwendete Steppen-Salbei zog sich an vielen Stellen zurück bzw. fiel aus. Vielleicht mochte er die Art der Bewässerung nicht oder der Boden war zu nährstoffreich. So wurde aus dieser Not gleich ein „gewagtes" neues Experiment. Weiße und rote hohe Wiesenknöpfe sollten sich wohler fühlen auf frischeren Böden, was sich auch bewahrheitete. Und weil der Kontinent Afrika bisher zu kurz kam, durften einige bis zu 2 m hoch blühende Fackellilien (*Kniphofia nobilis*) und Monbretien (*Crocosmia*) in dieses Beet „einwandern". Was sich vielleicht erstmal schräg anfühlt, hat gärtnerisch und ästhetisch bestens funktioniert.

Bereichert wurde diese Fläche mit einem *Cercis siliquastrum*, der das Wiesenthema dieses Gartenbereichs sehr gut unterstützt.

Ein Garten Amerika ohne die wohlbekannten Vertreter der Prärie geht gar nicht. So durften rote und gelbe Sonnenhüte in diesem „Kontinent" nicht fehlen. Beide Arten vermehren und erhalten sich auch durch Selbstaussaat. Wie im anderen Beetabschnitt wurden viele Gräser in großflächigen schmalen Drifts gepflanzt, wie die Rutenhirse ('Shenandoah', 'Northwind') oder der kleine Blauhalm.

Insbesondere für den Herbstaspekt wurden Astern (*Aster novae-angliae* 'Violetta', *Aster n.-a.* 'Purple Dome', *Aster cordifolius* 'Little Carlow',

Blau, Grün, Weiß und eine Brise Silber: Das sind die Zutaten für ein ruheausstrahlendes, elegantes Beet. *Camassia* (Prärielilien) liefern das Blau und auch Weiß zusammen mit *Allium* 'Mount Everest'. Der amerikanische Beifuß (vorne) trägt das Silber bei.

Aster umbellatus, *Aster amethystinus* 'Freiburg'), Scheinastern (*Vernonia crinita*), Prärie-Seidenpflanze (*Asclepias speciosa*) und hoher Purpurdost (*Eupatorium fistulosum* 'Atropurpureum') verwendet. Ein echtes Highlight vom Spätsommer bis in den Dezember hinein bildet die Weidenblättrige Sonnenblume, die weit über 3 m hoch werden kann. Ganz besonders im Herbst trägt das hier neugepflanzte verwendete Gehölz, ein *Rhus typhina* 'Dissecta', zu einem besonders farbenprächtigen Bild bei. Das rotorangegelbe Laub bildet den komplementären Farbton zu den vielen Blautönen der Herbst-Astern. Leider war die Ausläuferbildung des *Rhus* stärker als gedacht und er wurde später durch einen Fenchelholzbaum (*Sassafras albidum*) ersetzt, der durch eine ebenso wundervolle Herbstfärbung begeistert.

Die Stauden in dieser wiesigen Pflanzung wurden nicht nur aufgrund ihrer Blüte bzw. Blütezeit und -farbe ausgewählt. Gerade im Frühjahr spielen spannende, ansprechende Blattformen und -farben sowie Texturkontraste eine fast noch wichtigere Rolle. Außerdem haben ein großer Teil Blütenstauden und fast alle Gräser einen wertvollen Winteraspekt, sodass der Garten, bis auf einige Wochen nach dem Rückschnitt, stets einen reizvollen Anblick bietet. Mittlerweile verirrt sich der eine oder andere Amerikaner, seien es Sonnenhüte oder Raublatt-Astern, auch in andere Kontinente. Oder Europäer mogeln sich nach Asien oder Amerika. Das Bleiberecht wird nicht dogmatisch entscheiden. Zufälle sind manchmal auch gestalterische Chancen. Es wird versucht, sie zu entdecken und zu nutzen. Die Welt wächst allmählich zusammen, im wahrsten Sinne des Wortes.

Die Frühjahrsgeophyten wurden „überkontinental" gepflanzt, damit großzügigere Bilder entstehen konnten. Anfangs gepflanzte Tulpen verschwanden weitgehend schon nach wenigen Jahren. Das ist zum einen eingewanderten Wühlmäusen und eventuell auch der frühen Beschattung der abreifenden Tulpenblätter durch Stauden geschuldet.

Dafür können insbesondere *Camassia leichtlinii* und auch Narzissen nicht hoch genug gelobt werden. Beide vermehren sich über Brutzwiebeln. Auch *Allium* 'Globemaster' und 'Mount Everest' halten sich gut. *Allium* 'Purple Sensation' müssen regelmäßig nachgepflanzt werden, will man diesen schönen Aspekt im Mai erhalten.

Dass eine Staudenpflanzung kein in Stein gemeißeltes statisches Gebilde ist, muss keinem erfahrenen Gärtner gesagt werden. Gerade weil hier bewusst auch Dynamik und Veränderungen zugelassen wurden, sollte oder muss man dies durch eine bedachte, regelmäßige, aber letztlich nicht aufwendige Pflege im Blick behalten. In den acht Jahren seines Bestehens ist der Garten etwas wilder geworden. Aber dieser natürliche Charme macht ihn nur noch spannender und schöner.

Beim Blick über den Garten wird klar, dass natürliche Wiesen hier Vorbild sind: *Cephalaria gigantea* tanzt über Glockenblumen, Heilziest, Mädesüß und Gräsern, dahinter ragen die Blütenkerzen von Ligularien auf, auch Ehrenpreis und Telekie sind mit dabei.

DER ZAUBER VON WILDSTAUDEN

Überquellende Staudenvielfalt im Garten der Wegners

Wie beeindruckend es sein kann, sich mit einer ganzen Anlage auf das Konzept der Staudenwiese einzulassen, zeigt der Staudengarten Gross Potrems von Gabi und Jochen Wegner: Mit jedem Schritt tritt man in Kontakt mit Wildstauden.

Staudenwiesen spielen im Garten von Jochen und Gabi Wegner die Hauptrolle: Ihr gesamter Garten folgt dem naturalistischen Gestaltungsprinzip – und das schon seit fast 30 Jahren, als erste Literatur zu diesem Thema auftauchte und ihr Interesse weckte. Auf rund 1000 m² beherbergt ihre Anlage um die 500 unterschiedliche Staudenarten, die auf sonnigen Freiflächen, im feuchten Bereich um einen natürlichen Tümpel und im Schatten des Hauses sowie am Gehölzrand angesiedelt wurden. Die natürliche Anordnung lässt dabei die lenkenden Hände im Hintergrund vergessen und trägt wesentlich zur Wiesenatmosphäre des Gartens bei. Bemerkenswert ist die Auswahl der Pflanzen, denn fast ausschließlich Wildstauden werden hier verwendet, robuste und züchterisch nicht beeinflusste Pflanzen aus allen Bereichen der nördlichen Hemisphäre, die jedem Klischee von kleinblütigen, unscheinbaren Wildpflanzen schon von Weitem widersprechen: Weithin leuchten die Kerzen der Ligularien am Teich, zart umspielt von Wiesenknopf und am Haus leuchten Kugeldisteln neben Königskerzen, Spornblume und Stockrose.

Auch wenn alles hier erscheint, als wäre es von selbst so gewachsen, steckt neben der Pflege auch eine gehörige Portion Wissen dahinter. Und Jochen Wegner gestaltet immer wieder um, nimmt Teile der Pflanzung auf, verteilt zu groß gewachsene Stauden auf kleinere Gruppen und testet laufend neue Wildstauden – wofür dann ältere, die nicht mehr vollends überzeugen, auch einmal weichen müssen.

Das Ziel ist dabei immer eine langlebige, pflegeleichte und abwechslungsreiche Pflanzung, die trotz aller Freude am Gestalten mit möglichst wenigen Pflegeeingriffen attraktiv und natürlich wirkt. Weil Wildstauden auf Düngung und Wässern mit hohem Wachstum und anschließendem Umfallen reagieren, wird im Garten weder gedüngt noch gegossen. Auch ein Rückschnitt der Pflanzen erfolgt nur einmal im Jahr, nämlich im Februar. Notwendige Eingriffe, etwa wenn eine Pflanze überhandnimmt und ein Bereich wegen starker Verunkrautung aufgenommen werden muss, erfolgen möglichst selten.

Um diese Arbeiten noch weiter zu reduzieren, beobachtet Jochen Wegner neue Pflanzen in einem Versuchsbeet, um ihre Tauglichkeit im heimischen Boden und ihre Widerstandfähigkeit gegen diverse Unkräuter einschätzen zu können. Pflanzen, die sommerliche Hitzeperioden nicht durchhalten oder wie Fackellilien den Winter nicht überstehen sowie ständig instabil sind oder anderweitig enttäuschen, werden auch nach längerer Zeit rigoros entfernt.

So wie der Garten heute aussieht, war es allerdings nicht immer. Am Anfang wählte Jochen Wegner vor allem Stauden, die große und bunte Blüten zeigten: Pfingstrosen, Schwertlilien, Rosen, Gladiolen und Dahlien etwa. Doch dann entdeckte er am Teich rosa und weißes Mädesüß (*Filipendula*), das verwoben mit gelben Wiesenrauten (*Thalictrum*) wuchs; auch verschiedene Wiesenknöpfe (*Sanguisorba*) waren mit dabei. Dieses Bild – im Grunde eine typische Wiesensituation – berührte ihn sofort, ganz ohne auffällige, große Blüten und leuchtende Farben. Von da an zogen immer mehr züchterisch unveränderte, ursprüngliche Wildstauden in den Garten ein.

Wiesenknopf, Gelbe Wiesenraute (*Thalictrum lucidum*), Hoher Ehrenpreis und Riesen-Schuppenkopf verweben sich mit Gräsern, Iris und Mädchenauge im Sommer zu einer imposanten Pflanzengemeinschaft.

Im Frühsommer offenbaren sich die Wiederholungen im Garten, hier mit Storchschnabel, gelben Taglilien, Kugellauch und im Vordergrund Spornblumen. Zahlreiche Gräser sorgen für luftige Stimmung.

Dabei ist es ein Irrglaube, dass Wildstauden immer kleinblütig und unauffällig sein müssen. Jochen Wegner betont das immer wieder und verweist auf seine Ligularien, von denen zehn verschiedene Arten am Teich versammelt sind. Dort, mit genügend Feuchtigkeit genau in ihrem Element, wachsen sie bis zu 2 m Höhe heran und begeistern in großen, üppigen Gruppen je nach Art von Juni bis September mit beeindruckenden Blütenkerzen. Keine Prachtstaude könnte auffälliger sein!

Über die Jahre erfolgte dann im Garten, ausgehend von ohnehin schon sehr natürlichen Staudenbeeten, eine Umgestaltung immer mehr in Richtung Staudenwiese. Dazu wurden üppige, architektonisch wirkende Pflanzen wie *Miscanthus* und sehr kleine Stauden, die zu wenig konkurrenzfähig waren, entfernt. Ursprünglich gepflanzte Blöcke und Gruppen wurden zugunsten von Drifts aufgelöst und um einzelne Pflanzen erweitert, die wie ausgesät neben den Drifts platziert wurden. Darüber hinaus verzichteten die Wegners fast vollständig auf die Höhenstaffelung der verwendeten Stauden und praktizieren sie nur mehr entlang der Wege in stark verringerter Form. Mit dieser Vorgehensweise wird beim Schlendern durch den Garten das Gefühl vermittelt, sich mitten in der Pflanzung zu befinden, da auch höhere Stauden direkt am Weg stehen und dazu einladen, sie und ihr Insektenleben genauer zu betrachten.

Indem es keine Höhenstaffelung gibt, kann der Blick über den ganzen Garten streifen und die Grundstücksgrenzen verwischen. Dazu tragen auch die Bäume in der Nachbarschaft bei, die den Staudenwiesen, wie bei einer Waldlichtung, als grüner Rahmen dienen, ohne Platz im Garten zu beanspruchen oder zu viel Schatten zu werfen. So geht man auf gewundenen Pfaden durch die Pflanzung, streift an einzelnen Grashalmen und kann die vielfältigen Pflanzenkombinationen aus verschiedenen Perspektiven immer wieder neu entdecken.

Die harmonischen und stets natürlich wirkenden Zusammenstellungen entstehen im Garten Wegner meist intuitiv oder überhaupt durch Zufall, besonders bei den sich selbst ausbreitenden Pflanzen. Bei anderen schwebt Jochen Wegner oft ein bestimmtes Bild vor, das er dann auch ausprobieren möchte. Dazu notiert er seine Ideen und gruppiert die betreffenden Stauden im Oktober oder im zeitigen Frühjahr um. Dabei geht es nicht immer nur darum, Pflanzen zu kombinieren, hin und wieder werden auch Kombinationen aufgelöst, um Pflanzen deutlicher aus der Wiese hervortreten zu lassen. Ein Beispiel sind die Türkenbund-Lilien (*Lilium martagon*), die von Roter Lichtnelke (*Silene dioica*) und rosa Nachtviolen (*Hesperis matronalis*) Ton in Ton umgeben wurden – das sah zwar schön aus, ließ die Lilien aber zu wenig wirken. Daher zogen die anderen Pflanzen nun doch in die Sumpfwiese um.

Um den Wieseneindruck zu unterstützen, erhöhte Jochen Wegner mit der Zeit den Anteil der Gräser, wobei er stets Arten verwendet, die luftig und leicht wirken und nicht zum Umfallen tendieren. Ein weiteres Krite-

Der herbstliche Eindruck im Garten ist geprägt von Astern, verschiedenen Gräsern und Samenständen. Vor allem hohe Arten, die Durchblicke erlauben, werden häufig verwendet – sie umspielen Staudenreste und Verblühtes.

Besonders schön ist das Diamantgras, wenn es im Streiflicht zu leuchten beginnt. Zum herbstlichen Eindruck trägt auch das gelbe Laub der Taglilien bei sowie die dunklen Blütenstände des Brandkrauts.

rium ist eine frühe Blüte, damit sie mit den sommerblühenden Stauden zusammenfällt.

Als passend haben sich neben anderen vor allem verschiedene Reitgräser (*Calamagrostis acutiflora*, *C. varia*), Rasen-Schmiele (*Deschampsia cespitosa*), Zittergras (*Briza media*) und Siebenbürger Perlgras (*Melica transsilvanica*) herausgestellt. Für Jochen Wegner gehören neben den Gräsern auch unbedingt Doldenblütler mit in eine Wiese. Besonders gut fügt sich die Wilde Möhre (*Daucus carota* subsp. *carota*) in wiesenartige Bepflanzungen ein. Sie blüht den ganzen Sommer über und sowohl ihre Blüten als auch ihr Laub sind für Insekten eine wertvolle Futterquelle. Zwar ist sie nur zweijährig, erhält sich jedoch durch Selbstaussaat zuverlässig und taucht immer wieder an neuen Stellen auf. Bewährt hat sich auch die Ausdauernde Petersilie (*Cenolophium denudatum*), die an feuchten, aber auch trockeneren Stellen der Staudenwiese von der Blütezeit im Juni bis in den Spätsommer hinein mit grünen, haltbaren Samenständen erfreut. Für den Wiesencharakter schon im Frühling eignen sich die Steife Rauke (*Sisymbrium strictissimum*) und die sehr ähnliche Gelbe Nachtviole (*Sisymbrium luteum*), die beide keine Doldenblütler sind, mit ihrem lockeren, wolkenartigen Blütenaufbau aber eine ganz ähnliche Wirkung entfalten.

Doldenblütler und Pflanzen mit ähnlichem Charakter kombiniert Jochen Wegner gern mit kerzenförmigen Blütenständen. Sehr auffällige Gestaltungsideen wie die vielzitierte „Harfe und Pauke“ von Karl Foerster würden in der Staudenwiese zu sehr die Blicke auf sich ziehen. Die Staudenwiese soll aber in erster Linie beruhigen, wozu die annähernd gleiche Höhe der Stauden und die Wiederholung der Pflanzen im Beet beitragen. Diese beruhigende Wirkung ruft Jochen Wegner auch ganz bewusst ab, wenn er etwa farbenkräftige Phloxe hinter einer halbtransparenten „Wand“ aus hochwachsenden *Calamagrostis acutiflora* platziert: Sie werden so abgemildert. Denselben Effekt entfaltet die Rasen-Schmiele (*Deschampsia cespitosa* 'Palava') und auch *Nasella tenuissima* würde hier passen, erfriert aber leider im Nordosten Deutschlands und ist daher keine Option.

Eine Herausforderung ist die passende Verwendung robuster Stauden, da der Garten ja eine feuchte und eine trockene Wiese einschließt: Oft muss eine Entscheidung zwischen Standort und Ästhetik erfolgen, manchmal klappt es auch an beiden Standorten.

Und eine wesentliche Veränderung erfolgte über Jahre hinweg auch noch: Abgesehen von den Frühlingsblühern, die in den schattigen und halbschattigen Bereichen noch vor dem Austrieb der anderen Stauden schon früh im Jahr für Farbe sorgen, wurde der Blütenschwerpunkt der Pflanzung auf den Zeitraum von Juni bis Oktober gelegt, da die Familie Wegner in dieser Phase am meisten Zeit im Garten verbringt.

Der schon erwähnte Teich hat im Garten einen besonderen Stellenwert. Er liegt fast kreisrund an der tiefsten Stelle des Gartens und vermutlich handelt es sich dabei um ein eiszeitliches Soll, ein Toteisloch, das in Mecklenburg-Vorpommern ein wesentliches Landschaftsmerkmal ist und auch im Umkreis des Gartens öfter zu finden ist. Leider wurde die meisten dieser Tümpel zugeschüttet, um die landwirtschaftliche Bearbeitung der Felder zu erleichtern. Der Teich im Garten Wegner gestaltet die Staudenwiesen ganz wesentlich mit. Weil seine Form an ein Auge erinnert, sollte seine Bepflanzung – auch namentlich passend – mit Iris in den verschiedensten Farben erfolgen. Dazu wurden Sumpf- und Wiesen-Schwertlilien quer durchs Sortiment ausgewählt – doch nach einigen Jahren waren nur mehr die Sibirische Schwertlilie (*Iris sibirica*), die gelbe Sumpf-Schwertlilie (*Iris pseudacorus*) und blaue *Iris virginica* übrig. In solchen Fällen hat der Garten entschieden – und es wurden keine hübschen, aber wenig langlebigen Iris mehr nachgepflanzt. Dafür fanden viele andere Stauden Platz: Die frühlingsbunte Feuchtwiese wird durch Rote Lichtnelke (*Silene dioica*), rote Bach-Kratzdistel (*Cirsium rivulare*), gelbe Trollblume (*Trollius europaeus*), blaue und weiße Himmelsleiter (*Polemonium caeruleum*) sowie Sumpf-Vergissmeinnicht (*Myosotis palustris*) und Hahnenfuß (*Ranunculus acris*) dekoriert.

Später schließen direkt am Ufer Blut-Weiderich (*Lythrum salicaria*) und Herzförmiges Hechtkraut (*Pontederia cordata*) an, die angrenzende Feuchtwiese ist von Glänzender Wiesenraute (*Thalictrum lucidum*), Kandelaber-Ehrenpreis (*Veronicastrum virginicum* 'Amethyst') und rosablühendem Japanischem Mädesüß (*Filipendula purpurea*) geprägt. Auch Kerzen-Knöterich (*Bistorta amplexicaule*) und Blauweiderich (*Pseudolysimachion longifolium*) gedeihen dort gut – neben den bereits erwähnten Ligularien.

Im Herbst setzen dort Sumpf-Aster (*Aster puniceus*) und Sonnenbraut (*Helenium autumnale*) die Blühphase fort.

Im Wildstaudengarten der Wegners wachsen vorrangig Wildstauden, dennoch gibt es ein paar Ausnahmen: Wenn von ursprünglich sehr hohen Arten niedrigere Formen selektiert werden, gibt Jochen Wegner ihnen den Vorzug. Sie lassen sich leichter in die Wiesen integrieren und diese wirkt

Prächtigen, weithin sichtbaren Blüten, wie die der Ligularie, werden ganz bewusst kleinere, wie hier von Wiesenknopf, zur Seite gestellt. So entsteht ein natürlicher, ruhiger Eindruck, der von den kleinteiligen Gräsern noch betont wird.

Für späte Blüten sorgt der Glockenknöterich, der wie eine rosa Wolke zwischen den aufrechten Blütenresten von Duftnesseln und Ligularien und dem Laub des Darmblatts schwebt.

Im Sommer lugen die Blüten von *Tanacetum corymbosum*, Nachtkerze, Glockenblume und Taglilie zwischen Gräsern hervor, die als Weichzeichner fungieren.

harmonischer, je mehr brusthohe Stauden in den Beeten verwendet werden. So gelangten die deutlich niedrigeren Wasserdostsorten *Eupatorium dubium* 'Baby Joe' und *Eupatorium maculatum* 'Humble' in den Garten, ebenso die Stauden-Sonnenblume *Helianthus microcephalus* 'Anne', die sich gut in die Wiese einfügt.

Dabei klappt es bei Weitem nicht mit allen neuen Pflanzen. Weil im Garten seit mehr als 20 Jahren eine große Gruppe Panther-Lilien (*Lilium pardalinum*) prächtig gedeiht und sich auch Türkenbund-Lilien (*Lilium martagon*) im Uferbereich des Tümpels wohlfühlen, lag die Idee nahe, es mit anderen Arten ebenfalls zu probieren. Weil Jochen Wegner Lilien vor allem in Verbindung mit Gräsern sehr ansprechend findet, griff er gleich zu, als sich die Gelegenheit ergab, vor einigen Jahren 200 Lilien direkt vom Züchter zu beziehen. Die angedachten Arten sollten alle recht anspruchslos sein: *Lilium leichtlinii*, *Lilium henryi*, *Lilium tenuifolium*, *Lilium martagon* und *Lilium tigrinum* 'Splendens'. Doch sieben Jahre später war keine einzige mehr übrig. Am längsten hielt *Lilium leichtlinii* durch, doch wie die anderen konnte sie nie ganz Fuß fassen und wirkte kränklich. Was genau der Grund für diese Ausfälle ist, konnte nicht festgestellt werden – zumindest Mäuse können nicht dafür verantwortlich gemacht werden, denn die Zwiebeln wurden in Drahtkäfigen gepflanzt.

Weil Jochen Wegner beruflich und auch auf privaten Reisen gemeinsam mit seiner Frau die Naturstandorte vieler Wildstauden besucht hat, wuchs nach dem Besuch beeindruckender Staudenwiesen die Pflanzenwunschliste stets an. Viele Arten waren besonders früher schwer erhältlich, weshalb die meisten von ihnen per Saatgut im Garten Wegner ankamen. Vor allem der König der Stauden, der Rittersporn, war Jochen Wegner ein Anliegen. Entdeckt auf dem Alaska-Highway, probierte er *Delphinium glaucum*, später auch *D. elatum*, den taubenblauen *D. exaltatum*, den tiefblauen *D. tatsienense* und den hellgelben *D. semibarbatum* aus. Doch so gut wie alle verschwanden mit den Jahren wieder – entweder war ihnen der Boden zu gut oder die Winter waren zu warm und feucht.

Veränderungen wie die geschilderten sind zwar kein Grund zur Freude, aber Verlagerungen in der Artenzusammensetzung und in den Pflanzengesellschaften darf es im Garten immer geben. Durch Selbstaussaat wandern Pflanzen durch den Garten und siedeln sich dort an, wo die Bedingungen für sie gerade am günstigsten sind. Obwohl diese Dynamik erlaubt und erwünscht ist, findet sie fast nur mehr in den sonnigen Abschnitten der Staudenwiese statt: Nachtkerzen, Moschus-Malven und Königskerzen dürfen bleiben, wo sie sich gut einfügen und werden darüber hinaus ausgedünnt, um bestehende Stauden nicht zu verdrängen. Im Schatten und am Teich hingegen präsentieren sich die Pflanzungen eher statisch. Das liegt auch daran, dass dort eingewachsene, üppige Staudengestalten den Ton angeben: Rodgersien, Ligularien, Sumpf-Iris und Federmohn stehen zum Teil schon 30 Jahre an ihrem Platz und werden von Mädesüß, Blut-Weiderich und Salomonssiegel begleitet, die ebenso langlebig sind. Diese Bereiche des Gartens sind auch die beständigsten, wohingegen an-

Durch den Garten führen schmale Pfade, die einen direkten Kontakt mit den Stauden und ihren Besuchern erlauben und einen ganz nah an die Stauden herankommen lassen.

dere Areale der Staudenwiese alle sieben bis zehn Jahre erneuert werden. Dann nimmt Jochen Wegner die Stauden auf, befreit den Boden von Wurzelunkräutern und legt das Beet neu an. So bleiben die Pflanzen vital und auch neu erprobte und inzwischen bewährte Teststauden finden einen Platz.

Da Pflanzen die Hauptrolle spielen, wird man Dekoelemente im Wildstaudengarten vergeblich suchen. Der einzige nicht pflanzliche Schmuck im Garten der Wegners sind im Alter ergraute Teakholzbänke und die Feldsteinwege. Durch die Wiese führen einfache Pfade, die nur gemäht werden. Die häufiger begangenen Wege wurden mit Lesesteinen aus den Feldern vor dem Dorfeingang befestigt, wodurch sie sich gut in den naturnahen Stil des Gartens einfügen.

Dank der angepassten Pflanzenauswahl gehören Gartenarbeiten im Sommerhalbjahr zu den Ausnahmen. Im Sommer wird vor allem zwischen den Stauden gejätet, aber nur, was unmittelbar Pflanzen bedrängt – kleinere Unkräuter und wenig invasive Gräser dürfen bleiben und bilden den Hintergrund und auch die Basis für den Wieseneindruck des Gartens. Klassische Gartenarbeit passiert vor allem ab dem Spätwinter bis in den Frühling hinein: Nach dem Rückschnitt im Februar, der etwa drei Tage dauert und mit einer Motorsense erfolgt, werden im März und April unerwünschte und allzu vermehrungsfreudige Pflanzen gejätet, vor allem Löwenzahn, Ampfer, zu dichtes Gras und Brennnesseln gehören dazu, aber auch Sämlinge der Stauden selbst. Die meisten Umpflanz- und Umgestaltungsmaßnahmen fallen ebenfalls in diese beiden Monate. Danach dürfen sich die Beete entwickeln.

Das Ergebnis ist ein Garten, den man auf schmalen Rasenpfaden durchstreift, immer nah an der Pflanzung und inmitten von Insekten, umgeben von Heuschreckenzirpen und dem Quaken der Frösche vom Tümpel und dem nahen Dorfteich. Dass Tiere hier ein Zuhause finden, war den Wegners immer schon ein Anliegen. Sie sehen ihren Garten als bewussten Gegenpol zu intensiv landwirtschaftlich genutzten Wiesen und der englischen Staudenrabatte, die unsere Gärten beherrscht. Sie sehen ihn aber auch als Ersatz für die gesäten Blumenwiesen, die zur Unterstützung von Insekten stark im Kommen sind, aber meist nicht dauerhaft erhalten werden können.

Um eine Staudenwiese genießen zu können, müssen vielleicht auch alte Erwartungshaltungen an Gärten überdacht werden: Jochen Wegner schmunzelt immer, wenn Besucher des Gartens zuerst gern in den Beeten zupfen würden – und dann, nach ein paar Minuten, beeindruckt durch die Wiese gehen. Eine naturnahe Staudenwiese, finden die Wegners, ist der beste Entwurf für artenreiche Gärten der Zukunft: So könnten der Wunsch nach Garten, ansprechende Gestaltung und Natur ästhetisch miteinander vereint werden – und nicht nur wir Menschen würden davon profitieren.

SERVICE

INTERESSANTE GÄRTEN MIT STAUDENWIESEN

Schau- und Sichtungsgarten Hermannshof
Hermannshof e. V.
Babostraße 5
D-69469 Weinheim / Bergstraße
www.sichtungsgarten-hermannshof.de

Sichtungsgarten Weihenstephan
Hochschule Weihenstephan-Triesdorf
Weihenstephaner Gärten
Am Staudengarten 7
85354 Freising
www.hswt.de/weihenstephaner-gaerten.html

Staudengarten Groß Potrems
Gabi & Jochen Wegner
Am Schlossteich 2
18196 Groß Potrems / Landkreis Rostock
www.wildstaudenzauber.de

Lianne's Präriegarten
Lianne Pot
Jan Gosseswijk 31
9367 TE De Wilp
www.siergras.nl/de/praeriegarten

Ebertpark Ludwigshafen
Erzbergerstraße
67063 Ludwigshafen am Rhein
www.ebertpark.de/der-ebertpark

Park am alten Bahndamm und Seniorenpark
Staudenpflanzungen
Böbingen an der Rems

BEZUGSQUELLEN FÜR PFLANZEN

Die Staudengärtnerei
Till Hofmann und Fine Molz
Alte Iphöfer Straße 27
97348 Rödelsee
www.die-staudengaertnerei.de

Sarastro Stauden
Christian Kreß
Ort 131 (Postadresse)
A-4974 Ort im Innkreis
www.sarastro-stauden.com

Staudengärtnerei Kirschenlohr
Andreas Kirschenlohr
In der Haingereut 3
67346 Speyer
www.stauden-kirschenlohr.de

Stauden Stade
Andre Stade
Beckenstrang 24
46325 Borken-Marbeck
www.stauden-stade.de

Yuccashop / Wüstengarten Gußmagg
Siegersdorf 14
A-8222 Feistritztal
www.yuccashop.at

Gärtnerei Strickler
Friedhelm Strickler
Lochgasse 1
55232 Alzey-Heimersheim
www.gaertnerei-strickler.de

ZUM WEITERLESEN

Dunnett, N. (2020): Naturalistische Gartengestaltung. Verlag Eugen Ulmer, Stuttgart.
Greenlee, J. (2009): The American Meadow Garden. Timber Press, Portland.
Heinrich, A. / Messer, U. (2017): Staudenmischpflanzungen. Verlag Eugen Ulmer, Stuttgart.
Hitchmouth, J. (2017): Sowing Beauty. Timber Press, Portland.
King, M.: Perennial Meadows (www.perennialmeadows.com, E-Book-Reihe).
Lugerbauer, K. (2023): Echte Hitzeprofis – Nachhaltige Gartengestaltung mit trockenheitsliebenden Stauden, Verlag Eugen Ulmer, Stuttgart.
Lugerbauer, K. (2023): Schattenstauden – Die dunkle Seite Ihres Gartens. Verlag Eugen Ulmer, Stuttgart.
Oudolf, P. / Darke, R. (2018): The Highline - Die grüne Ader New Yorks. Verlag Eugen Ulmer, Stuttgart.
Oudolf, P. / Kingsbury, N. (2016): Hummelo. Verlag Eugen Ulmer, Stuttgart.
Pot, L. (2015): Im Farbenmeer eines Präriegartens. Deutsche Verlags-Anstalt, München.
Rainer, Th. / West, C. (2015): Planting in a Post-Wild World. Timber Press, Portland.
Wegner, Jochen (2014): Naturnahe Gartengestaltung mit Wildstauden. Schriftenreihe der GDS.

DANK

Wir bedanken uns beim Eugen Ulmer Verlag für die Umsetzung dieser Idee und die Unterstützung, freuen uns über die gute Zusammenarbeit und bedanken uns sowohl bei den Besitzern der gezeigten Gärten als auch bei den Personen im Hintergrund, die zum Gelingen des Buchs beigetragen haben.
KL: Ein extra Dank gebührt meinen Eltern, die mir das Experimentieren mit Staudenwiesen ermöglicht haben (und diese mittlerweile ebenso schätzen, wenngleich die Diskussion, wie „wild“ so eine Wiese sein darf, nie enden wird) und in besonderem Ausmaß meinem Partner, der die Begeisterung für naturnahe Gestaltung teilt und mir für den Entstehungsprozess dieses Buchs ausreichend freie Zeit ermöglicht hat – was wichtig war, da sich unsere Familie in genau dieser Zeitspanne vergrößert hat. Ohne euch wäre dieses Werk nie entstanden.
JH: Tausend Dank an Annette und Isabel Martin, Harald Sauer, Jaap de Vries, Lianne Pot, Till Hofmann, Prof. Cassian Schmidt, Prof. Dr. Wolfgang Borchardt, Rita Walpurgis, Anke Schmitz, Andreas Kirschenlohr, Uhl Hartwein, Sibylle und Klaus Zimmermann.

DIE AUTOREN

Katrin Lugerbauer

Katrin Lugerbauer widmet sich seit ihrer Jugend dem Garten. Die Wiesen des Alpenvorlands standen dabei schon immer Vorbild für ihre naturnahen Beete, die in Oberösterreich mittlerweile an mehreren Orten entstanden sind. Dabei hat sie stets im Hinterkopf, dass ein Garten nicht nur schön aussehen, sondern auch einen ökologischen Mehrwert bieten soll. Aktuell gärtnert die Lehrerin für Deutsch und Geografie an einem neuen Ort mit viel Platz für wilde Wiesen. Neben ihren Büchern schreibt sie auch Artikel für die Fachzeitschrift „Gartenpraxis“ und andere Medien

Joachim Hegmann

Dr. Joachim Hegmann, geboren in Ludwigshafen / Rhein. Er studierte Chemie in Würzburg. Danach arbeitete er 25 Jahre in der chemischen Industrie. Schon in der Jugend begeisterte er sich für Wildpflanzen und Insekten. Die Liebe zur Gartengestaltung entwickelte sich erst zögerlich im eigenen Garten. Die „Entdeckung“ des Hermannshofs in Weinheim oder des Kiesgartenbuchs von Beth Chatto waren einige wichtige Zünder für die unstillbare Lust nach Natur, Pflanzen und Gärten. Seit 2015 ist er hauptberuflich als Gartengestalter tätig.

REGISTER

BILDQUELLEN

Alle Bilder inkl. des Titelbildes stammen von den Autoren mit Ausnahme der folgenden:
Wegner, Jochen: Seite 148, 149, 150, 152, 153
Wikimedia/Commons (public domain): Zeichnung Seite 11, 27, 45, 63, 91, 155

IMPRESSUM

Die in diesem Buch enthaltenen Empfehlungen und Angaben sind von den Autoren mit größter Sorgfalt zusammengestellt und geprüft worden. Eine Garantie für die Richtigkeit der Angaben kann aber nicht gegeben werden. Autoren und Verlag übernehmen keine Haftung für Schäden und Unfälle. Bitte setzen Sie bei der Anwendung der in diesem Buch enthaltenen Empfehlungen Ihr persönliches Urteilsvermögen ein.
Der Verlag Eugen Ulmer ist nicht verantwortlich für die Inhalte der im Buch genannten Websites.

Anmerkung zur Schreibweise (Gendering): Gendergerechtigkeit und Inklusion sind bei uns gelebte Praxis – bei der Auswahl unserer Themen, bei der Recherchearbeit, in der Gestaltung. Unsere Texte meinen alle. Damit unsere Inhalte jedoch gut lesbar bleiben, verzichten wir in diesem Werk auf die jeweilige Mehrfachnennung oder Anpassung der Schreibweise bestimmter Bezeichnungen an die weibliche, männliche oder diverse Form.

Bibliografische Information der Deutschen Nationalbibliothek
Die Deutsche Nationalbibliothek verzeichnet diese Publikation in der Deutschen Nationalbibliografie; detaillierte bibliografische Daten sind im Internet über http://dnb.d-nb.de abrufbar.

Wollgrasweg 41, 70599 Stuttgart (Hohenheim)
E-Mail: info@ulmer.de
Internet: www.ulmer.de
Projektleitung: Doris Kowalzik
Lektorat: Alessandra Kreibaum
Herstellung: Judith Schumann
Innenlayout und Satz: Katja von Ruville, Frankfurt a. M.
Umschlag-Gestaltung: Verlag Eugen Ulmer
Reproduktion: time:ray, Jettingen
Druck und Bindung: Firmengruppe APPL, aprinta druck, Wemding
Printed in Germany

ISBN 978-3-8186-2216-9